# 零起点
# 学裁剪

邰 红　陈淑文　主编

LINGQIDIAN
XUECAIJIAN

化学工业出版社

·北京·

**图书在版编目（CIP）数据**

零起点　学裁剪/邰红，陈淑文主编. —北京：化学
工业出版社，2014.5（2025.1重印）
ISBN 978-7-122-20060-0

Ⅰ.①零…　Ⅱ.①邰…②陈…　Ⅲ.①服装量裁
Ⅳ.①TS941.631

中国版本图书馆 CIP 数据核字（2014）第 047009 号

责任编辑：邵桂林　　　　　　　　　　文字编辑：赵爱萍
责任校对：徐贞珍　　　　　　　　　　装帧设计：韩　飞

出版发行：化学工业出版社（北京市东城区青年湖南街 13 号　邮政编码 100011）
印　　装：河北延风印务有限公司
710mm×1000mm　1/16　印张 15　字数 291 千字　2025 年 1 月北京第 1 版第 21 次印刷

购书咨询：010-64518888　　　　　　　售后服务：010-64518899
网　　址：http://www.cip.com.cn
凡购买本书，如有缺损质量问题，本社销售中心负责调换。

定　　价：45.00 元　　　　　　　　　　　版权所有　违者必究

零起点 学裁剪
**Foreword** | 前 言

　　本书全面地介绍了服装结构制图的基础知识、服装结构制图的操作实例。尤其是在服装结构制图的操作实例中，以大量实例介绍了男、女装，包括裙装、裤装、衬衫、两用衫、西装、大衣等的结构制图。 在介绍实例操作过程的同时，注意实例操作要领的讲解，使理论知识与实际操作得到了更好的融合。

　　全书由两部分组成，第一部分用一章篇幅对服装结构制图的基础知识进行了较为全面的阐述，内容包括制图工具、人体测量、服装成品规格与服装号型、常用服装的放松量、制图图线与符号、缝份加放的基本原则与方法、排料的基本原则与方法、常用服装用料核算；第二部分为服装结构制图实例，共分六章，内容包括女裙结构制图、裤子结构制图、衬衣结构制图、两用衫结构制图、西服结构制图、大衣结构制图。

　　本书相关实例由两位编者共同商定，其中第一章、第二章、第四章、第六章由邰红编写，第三章、第五章、第七章及相关效果图由陈淑文编写绘制。 本书两位编者均毕业于国内知名高校服装专业，且均具备多年知名工厂实际工作经验与多年中职教学经验。 因此，在编写过程中既考虑到了初学者的实际水平，采用比例制图方法进行制图，制图的同时注意对相关要点进行说明，也考虑到实际生产时对结构制图的规范要求，保证绘制的所有结构图都具有可生产性。 另外，本书在编写过程中，得到了崔培雪老师的热情指导和大力帮助，本书部分服装图由徐桂清、杨翠虹、孟凡英、谷文明、陈正、赵磊、纪春明、吉沛霞、冯宪琴重描。 在此向关心、支持本书编写的老师和同志们表示由衷的感谢。

　　本书可以作为没有任何服装制图基础的广大服装爱好者的自学用书，也可以作为服装技术人员的技术培训教学用书。

　　由于编者技术水平有限，不足之处在所难免，恳请使用本书的同行们提出宝贵意见，以便我们在再版中加以修订。

编　者

零起点 学裁剪
# Contents

目 录

# 第一章
# 服装结构制图基础知识

## 第一节 制图工具

　　服装结构制图所用的工具很多，以下介绍一些常用工具。

　　(1) 软尺（图1-1）　　两面都有刻度，一般长150cm，用来测量人体尺寸，也可测量曲线长度。

　　(2) 蛇形尺（图1-2）　　可弯曲成任意形状，用于测量曲线和绘制曲线。

图1-1　软尺

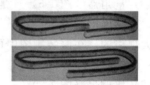

图1-2　蛇形尺

　　(3) 方格定规尺　　透明材质公制方眼定规（图1-3），多种分度格子线，中分尺双向使用，中心有相交X形角线以及180°量角器，两端有X形角线，内置式线条经久耐用，可画平行线、纸上加缝头。长度从30～60cm的都有。

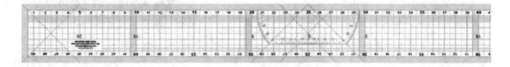

图1-3　透明材质公制方眼定规

　　(4) 直尺（图1-4）　　用于放码定规，打板画线。

图1-4 直尺

（5）角尺 用透明塑料制成。有三角尺和刻线内置式专用打板尺（图1-5）。三角尺度数分为30°、60°、90°和45°、45°、90°两种尺配套使用。直角尺则是不同规格的两条直尺组成"L"形。两者用于服装制图中的垂直线的绘制。

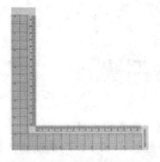

(a) 刻线内置式专用服装打板尺直角尺          (b) 三角尺

图1-5 角尺

（6）量角器（图1-6） 是一种用来测量角度的器具，普通的量角器是半圆形的，在圆周上刻着1°～180°的度数，一般是塑料和有机玻璃的。有10～20cm或更大规格的。在服装制图中可以用量角器确定服装的某些部位，如肩斜线的角度等。

（7）比例尺（图1-7） 三棱柱形状，六个面有六种比例，通常为1∶500、1∶400、1∶300、1∶200。主要用于绘制不同比例的缩比图。

图1-6 量角器

图1-7 比例尺

（8）曲线尺（图1-8） 有各种不同弧线的曲线尺，不同弧线用于不同部位，绘制服装上的侧缝、袖缝、衣服的袖弯、裤子的裆弯弧线等部位曲线。

（9）描线轮（图1-9） 可在下层留下标记，复写纸样用。

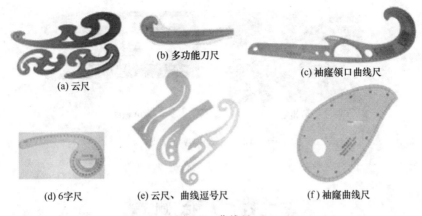

(a) 云尺　　(b) 多功能刀尺　　(c) 袖窿领口曲线尺

(d) 6字尺　　(e) 云尺、曲线逗号尺　　(f) 袖窿曲线尺

图 1-8　曲线尺

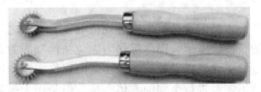

　　(10) 剪口钳（图 1-10）在纸样上打剪口用。

　　(11) 打孔器（图 1-11）在纸样上打扣眼和穿带子的孔等。

　　(12) 剪刀（图 1-12）用于纸样剪切。

图 1-9　描线轮

　　(13) 绘图铅笔与橡皮（图 1-13）直接绘制服装结构图的工具。

图 1-10　剪口钳

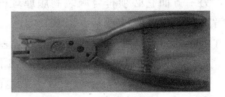

图 1-11　打孔器

图 1-12　剪刀

(a) 铅笔        (b) 橡皮

图 1-13 绘图铅笔与橡皮

## 第二节 人体测量

人体测量是取得服装规格的主要来源之一。人体测量是指测量人体有关部位的长度、宽度、围度等作为服装结构制图的直接依据。

工业纸样设计通常依所取的规格表来获取必要的尺寸，它是理想化的，也就是不需要进行个别的人体测量。但是作为服装设计人员，人体测量是必不可少的知识和技术，而且要懂得规格尺寸表的来源、测量的技术要领和方法，这对一个设计者认识人体结构和服装的构成过程是十分重要的。因此，这里所指的测量是针对服装设计要求的人体测量，一方面这种测量标准是和国际服装测量标准一致的，另一方面它必须符合服装制版原理的基本要求。进行人体测量时，需要对被测者进行认真细致的观察，以获得与一般体型的共同点和特殊点，这是确定理想尺寸的重要依据，也是人体测量的一个基本原则。

人体测量部位及方法（图 1-14）如下。

① 总体高　人体立姿，头顶点到地面的距离。

② 身高　人体立姿，颈椎点至地面的直线距离。

③ 上体长　人体坐姿，颈椎点至椅子面的直线距离。

④ 下体长　由髋骨最高位置量至与足跟齐平的位置。

⑤ 手臂长　肩端点量至腕关节。

⑥ 后背长　由后颈点（第七颈椎）开始沿后中线量至腰节线，顺背形测量。

⑦ 腰长　腰节线至臀围线之间的距离。

⑧ 前身长　由颈肩点经过乳凸点至腰节线之间的距离。按胸部的曲面测量。

⑨ 后身长　由侧颈点经过肩胛凸点，向下量至腰节线位置。

⑩ 全肩宽　由左肩端点经过后颈点量至右肩端点的距离。

⑪ 后背宽　背部左右腋窝之间的距离。

⑫ 前胸宽　胸部左右腋窝点之间的距离。

⑬ 胸高位　自侧颈点量至乳突点的距离。

⑭ 乳间距　两个乳突点的距离，是确定服装胸省位置的依据。

⑮ 胸围　以乳突点（B.P）为基准点，用皮尺水平围量一周的长度。

⑯ 腰围　在腰部最凹处用皮尺水平围量一周。

⑰ 臀围　在臀部最丰满处用皮尺水平围量一周。

⑱ 颈根围　经过前颈点、侧颈点、后颈点，用皮尺围量一周。

⑲ 头围　以前额和后枕骨为测点，用皮尺围量一周。

⑳ 臂根围　经过肩端点和前后腋窝点围量一周的长度。

㉑ 臂围　在上臂最丰满处，水平围量一周的长度。

㉒ 腕围　在腕部用皮尺围量一周的长度。

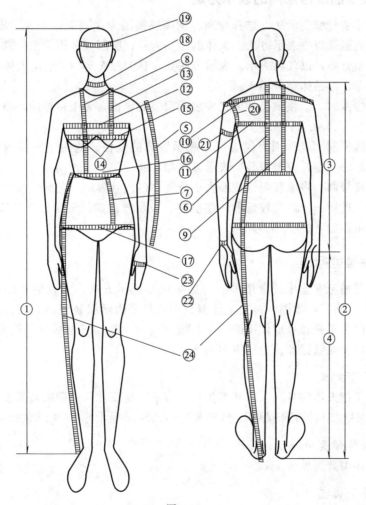

图 1-14

㉓掌围　将拇指并入掌心，用皮尺在手掌最丰满处围量一周。

㉔基础裤长　由腰节线至踝骨外侧凸点之间的长度，是普通长裤的基本长度。

## 第三节　服装成品规格与服装号型

服装成品规格本书指约定的服装尺寸大小。

### 一、服装成品规格常用的表示方法

（1）服装号型表示法　选择身高、胸围或腰围为代表部位来表示服装规格，是最通用的服装规格表示方法。人体的身高为号；胸围或腰围为型，并根据体型差异将体型分类，以代码表示。表示方法如：160/84A 等（160 是人体高度、84 是净体胸围、A 是体型分类）。

（2）领围制　以领围尺寸为代表表示服装的规格。男士衬衫的规格常用此方法表示。如：40cm、41cm 等。

（3）胸围制　以胸围为代表尺寸表示服装的规格。适用于贴身内衣、运动衣、羊毛衫等一些针织类服装。表示方法如：90cm、100cm 等。

（4）代号制　将服装规格按照大小分类，以代号表示，是服装规格较简单的表示方法。适用于合体性较低的一些服装。表示方法如：S、M、L、XL 等；或以数字表示，如：6 号、7 号等。

### 二、服装号型标准

服装号型标准是比较常用的一种服装规格表示方法，它一般选用高度（身高）、围度（胸围或腰围）再加上体型分类代号来表示服装规格。而标准是国家或行业部门关于服装号型作出的一系列统一规定。服装号型标准包括男子标准、女子标准以及儿童标准。主要内容如下。

1. 号型定义

号，是指人体的身高，以厘米为单位表示，是设计和选购服装长度的依据。

型，是指人体的胸围和腰围，以厘米为单位表示，是设计和选购服装肥度的依据。

2. 人体体型分类

人体体型分类见表 1-1。

3. 号型标志

号型表示方法：号与型之间用斜线分开，后接体型分类代号。例如：女上装

160/84A、女下装 160/68A 等。

表 1-1　人体体型分类

| 体型分类代号 | | Y | A | B | C |
|---|---|---|---|---|---|
| 胸腰差值/cm | 男 | 17～22 | 12～16 | 7～11 | 2～6 |
| | 女 | 19～24 | 14～18 | 9～13 | 4～8 |

服装上必须标明号型。套装中的上、下装分别标明号型。

4．号型系列

号型系列是服装批量生产中规格制定的参考依据。号型系列以各体型中间体（表 1-2）为中心，向两边依次递增或递减组成。服装规格也按照此系列为基础同时加放松量进行设计。

身高以 5cm 分档，组成系列；胸围或腰围分别以 4cm、3cm、2cm 分档，组成系列。身高与胸围、腰围搭配分别组成 5.4、5.3 和 5.2 号型系列。

表 1-2　男女体型中间标准体　　　　　　　单位：cm

| 体型 | | Y | A | B | C |
|---|---|---|---|---|---|
| 男子 | 身高 | 170 | 170 | 170 | 170 |
| | 胸围 | 88 | 88 | 92 | 96 |
| | 腰围 | 70 | 74 | 84 | 92 |
| 女子 | 身高 | 160 | 160 | 160 | 160 |
| | 胸围 | 84 | 84 | 88 | 88 |
| | 腰围 | 64 | 68 | 78 | 82 |

5．号型应用

号：服装上标明的号的数值，表示该服装适用于身高与此号相近似的人。例如：160 号，适用于身高 158～162cm 的人，依此类推。

型：服装上标明的型的数值及体型分类代号，表示该服装适用于胸围或腰围与此型相似，以及胸围或腰围之差数值在此范围之内的人。例如上装 84A，适用于胸围 82～85cm，以及胸围与腰围之差在 14～18cm 的人。以此类推。

## 第四节　常用服装的放松量

"净尺寸"，就是直接测量人体得到的尺寸，而且测量时，被测者要穿紧身单衣。净尺寸只是人体的写照，是服装裁剪的最基本的依据，在其基础上我们一般要根据具体服装式样加放一定的宽松量，其后所得的数据才能用来进行服装裁剪。其中加放的松量值就叫做服装的"宽松量"（表1-3），也就是服装与人体之间的空隙量。宽松量越小服装越紧身，反之服装越离体。在进行服装裁剪时，宽松量的确定准确与否，对于服装造型的准确性有决定性的影响。宽松量的正确确定，要对服装款式做仔细观察研究，另外还要有丰富的实践经验。

表1-3　常用服装宽松量一览表　　　　　　　单位：cm

| 服装名称 | 一般应放宽规格 | | | | 备　注 |
|---|---|---|---|---|---|
| | 领围 | 胸围 | 腰围 | 臀围 | |
| 男衬衫 | 2～3 | 15～25 | | | |
| 男夹克衫 | 4～5 | 20～30 | | | 春秋季穿着：内衣可穿一件羊毛衫 |
| 男中山装 | 4～5 | 20～22 | | | 春秋季穿着：内衣可穿一件羊毛衫 |
| 男春秋装 | 5～6 | 16～25 | | | 春秋季穿着：内衣可穿一件羊毛衫 |
| 男西服 | 4～5 | 18～22 | | | 春秋季穿着：内衣可穿一件羊毛衫 |
| 男大衣 | | 25～30 | | | 冬季穿着：内衣可穿一件厚羊毛衫 |
| 男裤 | | | 2～3 | 8～12 | 内可穿一条衬裤 |
| 女衬衫 | 2～2.5 | 10～16 | | | |
| 女连衣裙 | 2～2.5 | 6～9 | | | |
| 女两用衫 | 3～4 | 12～18 | | | 春秋季穿着：内衣可穿一件羊毛衫 |
| 女西服 | 3～4 | 12～16 | | | 春秋季穿着：内衣可穿一件羊毛衫 |
| 女短大衣 | | 20～25 | | | 冬季穿着：内衣可穿一件厚羊毛衫 |
| 女裤 | | | 1～2 | 7～10 | 内可穿一条衬裤 |
| 女半裙 | | | 1～2 | 4～6 | 内可穿一条衬裤 |

注：因气候和穿着条件不同，表内的尺寸只做参考，可酌情加减。

# 第五节　制图图线与符号

服装结构制图中，不同的线条有不同的表现形式，其表现形式成为服装结构制图的图线，此外，还要不同的符号在图中表达不同的含义，这些图线和符号起到规范图纸的作用。

1. 图线画法与用途
图线画法与用途见表1-4。

表 1-4　图线画法与用途

| 序号 | 图线名称 | 图线形式 | 图线宽度/mm | 图线用途 |
|---|---|---|---|---|
| 1 | 粗实 | —————— | 0.9 | (1)服装和零部件轮廓<br>(2)部位轮廓线 |
| 2 | 细实线 | —————— | 0.3 | (1)图样结构的基本线<br>(2)尺寸线和尺寸界限<br>(3)引出线 |
| 3 | 虚线 | — — — — — | 0.3 | 叠面下层轮廓影示线 |
| 4 | 点划线 | — · — · — · — | 0.3～0.9 | 对折线(对称部位) |
| 5 | 双点划线 | — ·· — ·· — ·· — | 0.3～0.9 | 折转线(不对称部位) |

## 2. 服装制图符号

服装制图符号见表 1-5。

表 1-5　服装制图符号

| 序号 | 名称 | 符号 | 用途 |
|---|---|---|---|
| 1 | 顺序号 | —③— | 制图的先后顺序 |
| 2 | 等分号 | | 该线段距离平均等分 |
| 3 | 裥位 | | 衣片中需折叠的部位 |
| 4 | 省缝 | | 衣片中需缝去的部位 |
| 5 | 间距线 | | 某部位两点间的距离 |
| 6 | 连接号 | | 裁片中两个部位应连在一起 |
| 7 | 直角号 | | 两条线相互垂直 |
| 8 | 等量号 | ○◎●△▲□ // | 两个部位的尺寸相同 |
| 9 | 眼位 | ├———┤ | 扣眼的位置 |
| 10 | 扣位 | ⊕ | 纽扣的位置 |
| 11 | 经向号 | ←————→ | 表示原料的纵向(经向) |

续表

| 序号 | 名称 | 符号 | 用途 |
|---|---|---|---|
| 12 | 顺向号 | | 表示毛绒的顺向 |
| 13 | 罗纹号 | | 衣服下摆、袖口等处装罗纹边 |
| 14 | 明线号 | | 缉明线的标记 |
| 15 | 皱裥号 | | 裁片中直接收成皱裥的部位 |
| 16 | 归缩号 | | 裁片该部位经熨烫后收缩 |
| 17 | 拔伸号 | | 裁片该部位经熨烫后拔开、伸长 |
| 18 | 拉链 | | 表示该部位装拉链 |
| 19 | 花边 | | 表示该部位装花边 |

### 3. 服装部位名称中英文对照表

服装部位名称中英文对照表见表1-6。

表1-6 服装部位名称中英文对照表

| 序号 | 中文 | 英文 | 代号 |
|---|---|---|---|
| 1 | 领围 | Neck Girth | N |
| 2 | 胸围 | Bust Girth | B |
| 3 | 腰围 | Waist Girth | W |
| 4 | 臀围 | Hip Girth | H |
| 5 | 领围线 | Neck Line | NL |
| 6 | 上胸围线 | Chest Line | CL |
| 7 | 胸围线 | Bust Line | BL |
| 8 | 下胸围线 | Under Burst Line | UBL |
| 9 | 腰围线 | Waist Line | WL |
| 10 | 中臀围线 | Meddle Hip Line | MHL |
| 11 | 臀围线 | Hip Line | HL |
| 12 | 肘线 | Elbow Line | EL |
| 13 | 膝盖线 | Knee Line | KL |

| 序号 | 中文 | 英文 | 代号 |
|------|------|------|------|
| 14 | 胸点 | Bust Point | BP |
| 15 | 颈肩点 | Side Neck Point | SNP |
| 16 | 颈前点 | Front Neck Point | FNP |
| 17 | 颈后点 | Back Neck Point | BNP |
| 18 | 肩端点 | Shoulder Point | SP |
| 19 | 袖隆 | Arm Hole | AH |
| 20 | 长度 | Length | L |

## 第六节 缝份加放的基本原则与方法

我们完成的结构图为服装净样，要进行加放缝份制成服装毛样才能进行裁剪等工序。

放缝时，纸样中的一些非直角的处理，应采用延长长缝、做垂直线的方法，以保证缝份放样的对应性。

缝份大小是根据服装的品种、面料以及缝型的不同而确定。一般为0.7cm、

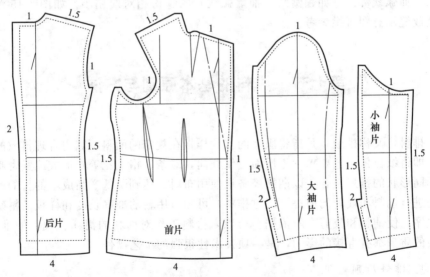

(a) 女西服衣片、袖片放缝示意图(单位:cm)

图 1-15

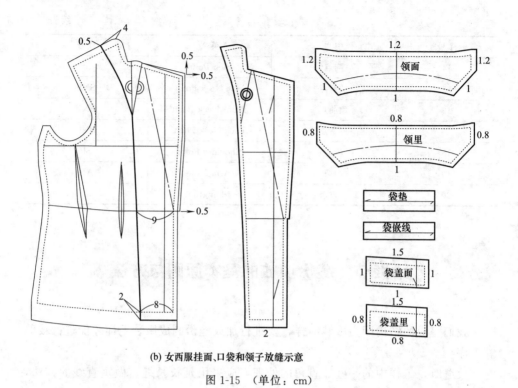

**(b) 女西服挂面、口袋和领子放缝示意**

图 1-15　（单位：cm）

1cm、1.2cm、1.5cm 等，直线部位（如衣片侧缝、肩缝等）的缝份量一般可以稍大，而弧线部位（如领窝线、袖窿弧线）的缝份相对应稍小。如图 1-15 为女西装放缝示意图可供参考。

# 第七节　排料的基本原则与方法

　　排料，又称排版，是指将服装的衣片样板在规定的面料幅宽内合理排放的过程，即将纸样依工艺要求（正反面，倒顺向，对条、格、花等）形成能紧密啮合的不同形状的排列组合，以期最经济地使用布料，达到降低产品成本的目的。排料是进行铺料和裁剪的前提。通过排料，可知道用料的准确长度和样板的精确摆放次序，使铺料和裁剪有所依据。所以，排料工作对面料的消耗、裁剪的难易、服装的质量都有直接的影响，是一项技术性很强的工艺操作。

## 1. 排料原则

（1）保证设计要求　当设计的服装款式对面料的花型有一定的要求时（如中式服装的对花、条格面料服装的对条格等），排料的样板便不能随意放置，必须保证排出的衣片在缝制后达到设计要求。

（2）符合工艺要求 服装在进行工艺设计时，对衣片的经纬纱向、对称性、倒顺毛、对位标记等都有严格的规定，排版师一定要按照要求准确排料，避免不必要的损失。

（3）节约用料 服装的成本很大程度上取决于布料的用量多少。排料作业可能影响成衣总成本的 2.75％～8.25％。所以，在保证设计和工艺要求的前提下，尽量减少布料的用量是排料时应遵循的重要原则。

2. 排料的基本方法

对面料进行预缩和整烫，使之达到裁剪工艺要求。然后把面料放在平整的台面上进行排料，铺料是面料反面向上，布边靠近身体，横平竖直。若为双层铺料，上下层面料对齐。将纸板按照丝缕方向要求正确铺放于面料上，排料应尽量紧密以节约用料，降低服装成本。排料时要按照"先大后小，紧密相连，见缝插针，多试多排"的方法进行。

## 第八节 常用服装用料核算

在单件裁剪服装之前要对用料数进行详细核算，也就是对面料的长度和门幅宽度进行核算，做到合理用料，不浪费。核对用料必须掌握用料计算方法及相关知识。表 1-7～表 1-9 分别给出了上装和裤子算料参考以及不同门幅面料的换算方法。

表 1-7 上装算料参考表　　　　单位：cm

| 类别 | 品种 | 胸围 | 门幅＝90 | 门幅＝114 | 门幅＝144 |
|------|------|------|---------|----------|----------|
| 男装 | 短袖衫 | 110 | 衣长×2＋袖长 胸围加减 3,用料约加减 3 | 衣长×2 胸围加减 3,用料约加减 3 | |
| | 长袖衫 | 110 | 衣长×2＋袖长 胸围加减 3,用料约加减 3 | 衣长×2＋20 胸围加减 3,用料约加减 3 | |
| | 两用衫 | 110 | | | 衣长＋袖长＋10 胸围加减 3,用料约加减 3 |
| | 西服（中山服） | 110 | | | 衣长＋袖长＋10 胸围加减 3,用料约加减 3 |

续表

| 类别 | 品种 | 胸围 | 门幅＝90 | 门幅＝114 | 门幅＝144 |
|---|---|---|---|---|---|
| 男装 | 短大衣 | 120 | | | 衣长＋袖长＋30 胸围加减3,用料约加7减5 |
| | 长大衣 | 120 | | | 衣长×2＋6 胸围加减3,用料约减3 |
| 女装 | 短袖衫 | 103 | 衣长×2＋10 胸围加减3,用料约加减3 | 衣长＋袖长×2＋15 胸围加减3,用料约加减3 | |
| | 长袖衫 | 103 | 衣长＋袖长×2 胸围加减3,用料约加减3 | 衣长×2＋10 胸围加减3,用料约加减3 | |
| | 两用衫 | 106 | | | 衣长＋袖长＋3 胸围加减3,用料约加减3 |
| | 西服 | 106 | | | 衣长＋袖长＋6 胸围加减3,用料约加减3 |
| | 短大衣 | 113 | | | 衣长＋袖长＋12 胸围加减3,用料约加7减5 |
| | 长大衣 | 113 | | | 衣长＋袖长＋10 胸围加减3,用料约加减3 |
| | 连衣裙 | 100 | 衣裙长×2.5 (一般款式) | 衣裙长×2 (一般款式) | |

表 1-8　裤子算料参考表　　　　　　　　单位：cm

| 品种 \ 用料 \ 门幅 | 90cm 幅宽 | | 144cm 幅宽 | |
|---|---|---|---|---|
| | 卷脚 | 无卷脚 | 卷脚 | 无卷脚 |
| 男长裤 | 2×(裤长＋10) | 2×(裤长＋6) | 裤长＋10 | 裤长＋6 |
| 男短裤 | | 2×(裤长＋8) | | 裤长＋12 |
| 女长裤 | | 2×(裤长＋5) | | 裤长＋5 |
| 备注 | 臀围超过117,每大3,另加6 | | 臀围超过113,每大3,长裤另加3,短裤另加6 | |

表 1-9 不同门幅面料换算表                单位：cm

| 换算率 改用门幅 原门幅 | 90 | 114 | 备 注 |
|---|---|---|---|
| 90 | 1 | 0.80 | 按不同门幅用料面积相等的原理，可进行不同门幅的换算，换算方法可按以下公式计算： |
| 114 | 1.27 | 1 | 原用料数×原用料门幅/改用料门幅＝改用料数 |

# 第二章

# 女裙结构制图

　　裙装是一种围于下体的服装，无裆缝，也称半截裙，通常以独立的形式出现，有时也和上衣部分连接成为连衣裙。它的花色品种较多，已成为女性的主要下装形式之一。

## 一、裙子的基本构成

　　裙子的基本形状比较简单。它是人体直立姿态下，围裹人体腰部、腹部、臀部一周所形成的筒状结构（图2-1）。

### 1. 裙长

　　裙长是构成裙子基本形状的长度因素。裙长一般起自腰围线，终点则没有绝对标准。在现代女裙长度中，常见的可分为四种（图2-2）：正常裙长、中裙长、长裙、短裙（至膝关节以上）。此外，还有超短裙和拖地裙。由此可见，裙长属于"变化因素"，也是裙子分类的主要依据。

图 2-1　裙子

### 2. 腰围

　　在裙子的三个围度中，腰围是最小的，而且变化量也很小，属"稳定因素"。从生理学角度上讲，腰围缩小2cm后对身体没有影响，所以，腰围宽松量取0～2cm均可。

### 3. 臀围

　　通过实验表明，臀部的胀度为坐在椅子上的时候平均增加2.5cm左右，蹲坐时平均增加4cm左右，所以臀部宽松量一般最低设计为4cm。同时由于款式造型的变化，还需要加入一定的调节量，因而臀围属"变化因素"。

### 4. 摆围

　　它是裙子构成中最活跃的围度，属"变化因素"。一般来说，裙摆越大，越便于下肢活动；裙摆越小，越限制两条腿动作的幅度。但是，也不应得出裙摆越大活动就越方便的结论。裙摆的大小应主要根据裙子本身的造型、穿着场合及不同的活动方式而做出不同的设计。裙摆的变化也是裙子分类的主要依据。

## 二、裙子的分类

1. 按长度划分

（1）超短裙（图 2-2）　长度至臀股沟，腿部几乎完全外裸，约为号/5＋4cm。（号：身高）

（2）短裙　长度至大腿中部，约为 1/4 号＋4cm。

（3）及膝裙　长度至膝关节上端，约为 3/10 号＋4cm。

（4）过膝裙　长度至膝关节下端，约为 3/10 号＋12cm。

（5）中长裙　长度至小腿中部，约为 2/5 号＋6cm。

（6）长裙　长度至脚踝骨，约为 3/5 号。

（7）拖地长裙　长度至地面，可以根据需要确定裙长，长度大于 3/5 号＋8cm。

2. 按照整体造型划分

这种分类方法是从基本结构的角度来划分的，代表了每一类裙子的结构特点，因此是被普遍采用的分类方法。

（1）直裙（图 2-3）　结构较严谨的裙装款式，如西装裙、旗袍裙（图 2-3）、筒形裙、一步裙等都属于直裙结构。其成品造型以呈现端庄、优雅为主格调，动感不强。

（2）斜裙　通常称为喇叭裙、波浪裙、圆裙等，是一种结构较为简单，动感较强的裙装款式。从斜裙到直裙按照裙摆的大小可以分为：圆桌裙、斜裙、大 A 字裙、小 A 字裙、直筒裙、旗袍裙（图 2-3）。

（3）节裙　结构形式多样，基本形式有直接式节裙和层叠式节裙，在礼服和生活装中都可采用，设计倾向以表现华丽和某种节奏效果为主。

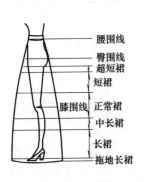

图 2-2　裙子的类型（一）

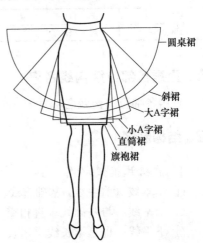

图 2-3　裙子的类型（二）

## 第一节　基本裙型制图原理与方法

### 一、款式特点及外形

直裙（图 2-4）是比较贴体状态的裙型，裙腰为装腰型直腰，前后腰口各设 4 个省，后中设分割线，下端开衩。面料：不宜太薄的面料。

### 二、测量要点

（1）裙腰围　松量不宜过大，在 1～2cm。

（2）臀围：松量不宜过大，在 4～5cm。具体依据面料厚度和穿着要求做调节。

（3）裙长　裙长一般因年龄和流行而定。偏短的裙长一般在膝盖以上 10cm 左右，偏长的裙长一般在膝盖以下约在小腿中间或更长。本款式在膝盖左右，因为合体程度较高，所以为了运动方便要在后中开衩。

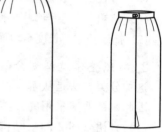

图 2-4　直裙

### 三、制图规格

具体的制图规格见表 2-10。

表 2-1　制图规格　　　　　单位：cm

| 号　　型 | 部　位 | 裙　长 | 腰　围 | 臀　围 | 腰　宽 |
|---|---|---|---|---|---|
| 160/66A | 规　格 | 60 | 68 | 90 | 3 |

### 四、直裙各部位结构线名称

直裙各部位结构线名称见图 2-5。

### 五、结构制图

1. 前裙片框架（图 2-6）

① 基本线（前中线）基础直线。

② 上平线　与基础线垂直相交。

③ 下平线　也是裙长线（裙长－腰宽），平行于上平线。

④ 臀高线　也是臀围线，从上平线量下 0.1 号＋1cm（号即是身高）。

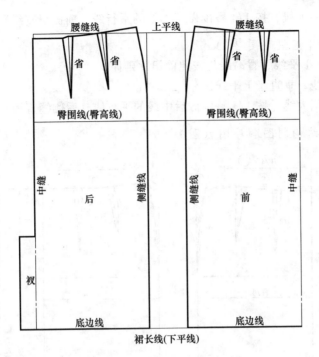

图 2-5 直裙各部位结构线名称

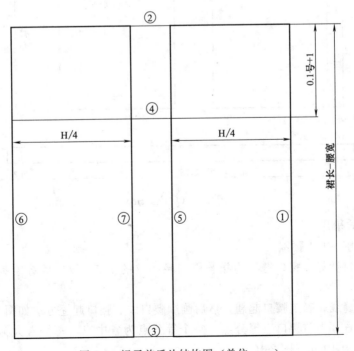

图 2-6 裙子前后片结构图（单位：cm）

⑤ 前臀围大线　按 1/4 臀围做基本线的平行线（前侧缝直线）。

## 2. 后裙片框架（图 2-6）

上平线、下平线、臀高线均按照前裙片延伸。

⑥ 后中线　垂直于上平线。

⑦ 后臀围大线　按 1/4 臀围做后中线的平行线（后侧缝直线）。

## 3. 直裙结构制图顺序图（图 2-7）

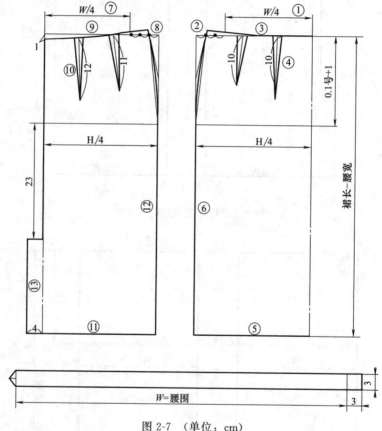

图 2-7 （单位：cm）

（1）前裙片

① 腰围　1/4 腰围。

② 腰口劈势　腰口劈势为裙臀围与腰围差的 1/3。腰口劈势绘制方法如图 2-8所示。

③ 腰缝线　确定腰口起翘，然后画顺腰口线。腰口起翘方法如图 2-9 所示。

④ 前省　为前腰口三等分点，每个等分点为省中点，每个省大为臀腰差的 1/3，省长为 10cm（图 2-10）。

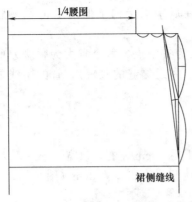

图 2-8

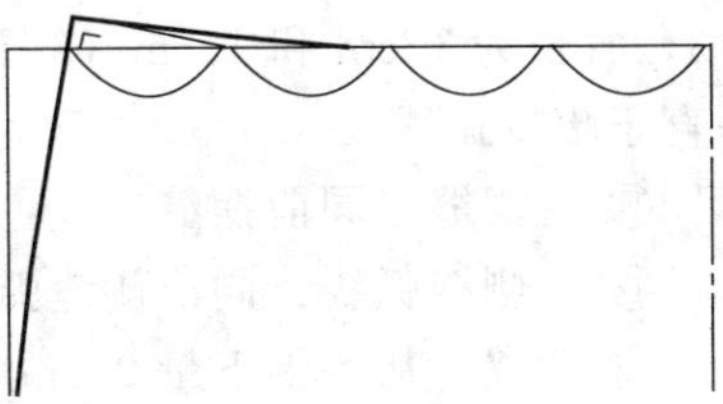

图 2-9

⑤ 摆围　本款为直身裙下摆可以起翘（1～2cm），或者向里偏进（1～2cm）。可以根据自己的喜好或者流行趋势进行变化。本款为侧缝垂直于下摆。

⑥ 侧缝弧线　通过腰口劈势点、臀围大点及侧缝直线垂直下平线点画顺。

（2）后裙片

⑦ 后腰围大　按1/4腰围，同前片。

⑧ 腰口劈势　同前裙片画法一致。

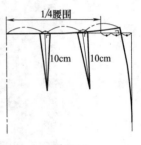

图 2-10

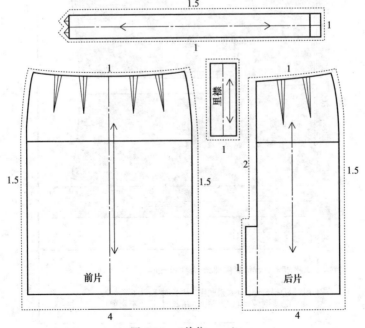

图 2-11　（单位：cm）

⑨ 后腰缝线　同前腰口起翘相同，然后在后中线上向下低落 1cm 画顺腰缝线。

⑩ 后省　为后腰口三等分点，每个等分点为省中点，每个省大为臀腰差的 1/3，省长为 12cm 和 11cm（靠近后中的较长，靠近侧缝的较短）。省的中线要垂直于腰口弧线。

⑪ 后摆缝　同前摆缝。

⑫ 后侧缝弧线　同前侧缝弧线。

⑬ 后衩　从臀围下量 23cm 或者从上平线下量 40cm 左右；衩宽 4cm。

（3）裙腰　裙腰长为腰围规格，另加 3cm 为里襟宽，宽为 3cm（图 2-7）。

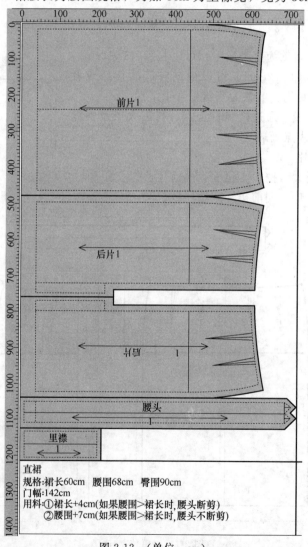

图 2-12　（单位：cm）

## 六、放缝示意图

我们完成的结构图为服装的净样图，要进行加放缝份制成毛样才可以进行布料的裁剪工序。缝份大小要根据服装品种、面料以及缝型的不同而确定。一般为0.7cm、1cm、1.2cm、1.5cm等。直线部位，如裙侧缝、腰头一般可以稍大，弧线部位（如衣服的袖窿弧线）可适当小点，裙下摆折边可以根据缝型不同而定，一般为3～4cm（图2-11）。

## 七、排料示意图

排料示意图见图2-12。

## 第二节　裙型结构的变化与应用

## 一、斜裙

### 1. 款式外形概述

裙腰为装腰型直腰，裙片分前后共两片，裙摆宽大，下摆呈现自然波浪，腰部有细碎褶，侧缝装拉链（图2-13）。

面料可选不易皱，有垂感，质感挺括，手感光滑细腻富有光泽的丝棉，舒适，透气，适合夏季穿着。

图 2-13

### 2. 制图规格

制图规格见表2-2。

### 3. 制图步骤

（1）结构图步骤一（图2-14）　绘制前

后片腰围分别为 W/4+10cm，裙长为总裙长除去3cm的腰高。然后把纸样平均分成数等份。后腰下画1cm。

表2-2　制图规格　　　　　　　　　　单位：cm

| 号型 | 部位 | 裙长 | 腰围 | 腰宽 |
| --- | --- | --- | --- | --- |
| 160/66A | 规格 | 60 | 68 | 3 |

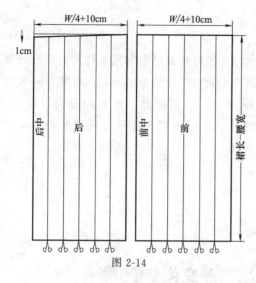

图 2-14

（2）结构图步骤二（图 2-15）用切展方法展开，把每等份根据效果加放一定的等量展开，画顺下摆。前后中不剪开，所以画虚线。

（3）结构图步骤三（图 2-16）画好纱向（可以是倾斜 60°或 45°，这样悬垂效果不同），画好腰头和搭门。

**4. 制图要领和说明**

① 腰围处褶量（10cm）、裙摆展开量（5cm）的加放，属于设计放松量，可根据流行或个人喜好酌情加放。

② 裙摆的展开方法　将图 2-14 沿线剪开至腰口线，展开如图 2-15，并将腰口线、裙摆线画顺。

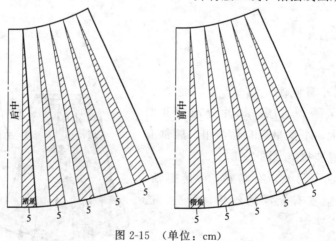

图 2-15　（单位：cm）

**5. 放缝示意图**（图 2-17）

腰口放缝 1cm，侧缝放缝 1～1.5cm，下摆要折边，因为下摆为圆形，所以折边不宜过大，否则会在缝制时出现涟漪褶皱。

**6. 排料示意图**（图 2-18）

## 二、鱼尾裙

**1. 款式外形概述**

鱼尾裙也叫美人鱼裙，因下摆似鱼尾而得名。鱼尾裙一般都为纵向分割或弧

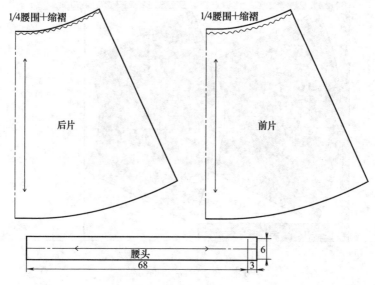

图 2-16 （单位：cm）

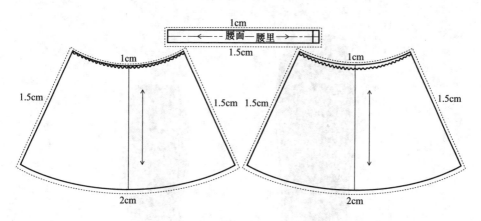

图 2-17

线分割，分为六片、八片、十片等片数。因其从膝部下摆宽大成扇形，人体运动时摆动，产生婀娜多姿的动感。

本款为六片式鱼尾裙（图 2-19），自髋骨处做弧形分割，腰口无省，装腰。右侧缝装封闭式拉链。裙子为两层设计，里面衬裙较长，面料为不透明且有光泽的缎纹面料。外面一层较短，面料选取质地轻薄，透明程度较高的纱织或丝质面料，且颜色和衬料一致。穿着效果高贵，动感好。适合和短款上衣搭配。

2. 制图规格

制图规格见表 2-3。

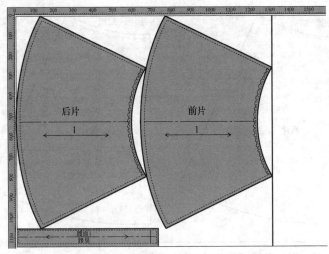

图 2-18

规格：腰围 68cm 裙长 60cm

门幅：114cm

用料：2×（裙长＋10cm）

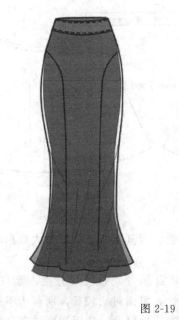

图 2-19

表 2-3　制图规格　　　　　　　　　　　　　　　　单位：cm

| 型号 | 部位 | 裙长 | 臀围 | 腰围 | 腰宽 |
|------|------|------|------|------|------|
| 160/72B | 规　格 | 88.5 | 96 | 74 | 3.5 |

3. 制图步骤

(1) 结构图步骤一（图 2-20）

① 绘制基本裙型，在此基础上根据款式要求做裙长。然后进行纵向分割。根据比例做好分片，三等份裙片，取 2/3 等份作为侧片，前中片为 1/3 等份，前片为整边不剪开，所以绘制成虚线。这样就把裙片均分成前后各三等份。臀腰之间分割线为弧形。

② 把腰省的省尖对准弧形分割线。合并前后腰省量，使臀腰之间弧形分割线张开。达到省量的转移。

③ 为了使造型更加接近鱼尾形状，在膝围线稍微偏上（为行走方便）收量。然后根据设计构思均匀加大下摆张开量。

④ 外边的纱料罩裙稍微短于里裙，摆量可根据情况适当加放松量。

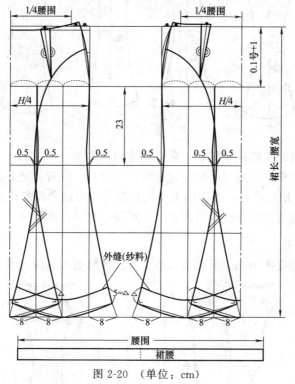

图 2-20 （单位：cm）

(2) 结构图步骤二

① 臀腰省向弧型分割线转移过程（图 2-21）

② 合并腰省，前后片结构图（图 2-22）

4. 制图要领和说明

(1) 本款鱼尾裙，是靠增设的纵向分割线来达到造型的要求，把腰省和裙摆

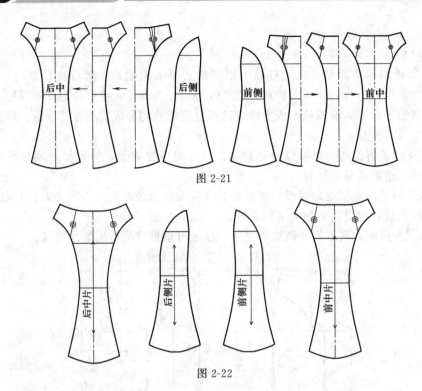

图 2-21

图 2-22

喇叭散开量均匀地设置在分割处，常有六片和八片等。

（2）先绘制裙子基础型，做好裙长设计、分片、收省，把省量转移到弧形分割线。膝线以下增设摆量，下摆的大小可根据个人喜好和面料质地而定。外层裙子的松度可以根据面料弹性适当放松量，以便达到飘逸的效果。

**5. 放缝示意图**

所有裁片都放缝 1cm。下摆为弧形，不宜加放更大缝份（图 2-23）。

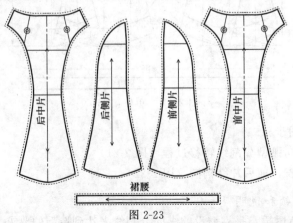

图 2-23

6. 排料示意图（图 2-24）

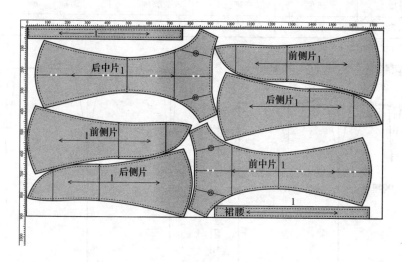

图 2-24

规格：腰围 74cm 裙长 88.5cm

门幅：90cm

用料：2×裙长＝175cm

## 三、高腰多片裙

1. 款式外形概述

高腰多片裙（图 2-25），裙身整体造型为直身六片裙。六片裙是以两侧缝为界前后各分三片。右侧缝上段装拉链，前后臀腰间有横向分割线。面料用毛类、化纤面料即可，但不适于较薄面料。

2. 制图规格（表 2-4）

3. 制图步骤

（1）绘制裙子基础型，腰口省是裙腰差的 1/3（图 2-26）。

（2）分割线的位置按照平衡的造型要求，应该在各片靠中线的 1/3 的等分点上，前后中

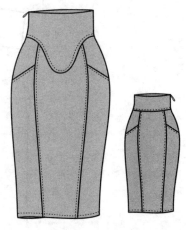

图 2-25

线处无分割线，用虚线表示。臀腰省可根据分割线位置做调整，放到分割线处，使得省量并入分割线中（图 2-27）。

表 2-4　制图规格　　　　　　　　　单位：cm

| 号型 | 部位 | 裙长 | 臀围 | 腰围 | 腰宽 |
|---|---|---|---|---|---|
| 160/72B | 规格 | 58 | 96 | 74 | 8 |

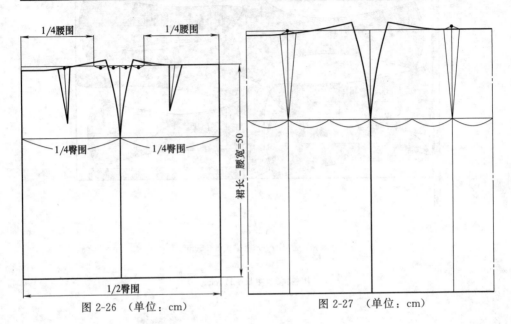

图 2-26　（单位：cm）　　　　　　　　图 2-27　（单位：cm）

（3）绘制结构图见图 2-28。

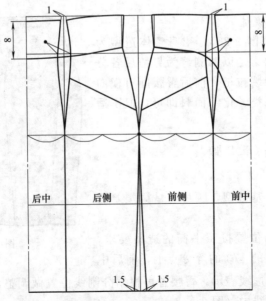

图 2-28　（单位：cm）

（4）裁片分解图示意见图 2-29。

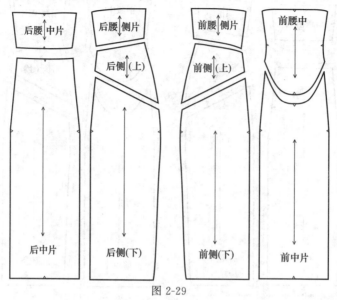

图 2-29

### 4. 制图要领和说明

一般的裙腰或裤腰分为低腰、中腰、高腰三种类型。当腰口线高于人体中腰（腰部最细处）时，腰的造型为高腰（一般腰高大于 3cm）；当腰口线低于人体中腰线时，腰的造型为低腰或者无腰；当腰口线处于人体中腰线时，腰的造型为中腰。腰的高度超过中腰时，人体形态是上大下小倒置的圆台，所以腰上口收省量变小。

### 5. 放缝示意图

裙下摆加放缝份为 2.5cm，其他部位均加放 1cm 缝份（图 2-30 和图 2-31）。

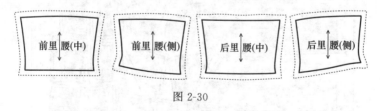

图 2-30

### 6. 排料示意图（图 2-32 和图 2-33）

## 四、马面灯笼裙

### 1. 款式及外形概述

此灯笼裙（图 2-34）因其象形而得名，其结构自臀部以上为合体设计，臀部以下做宽松造型，下摆以橡皮筋收紧产生蓬松灯笼效果。

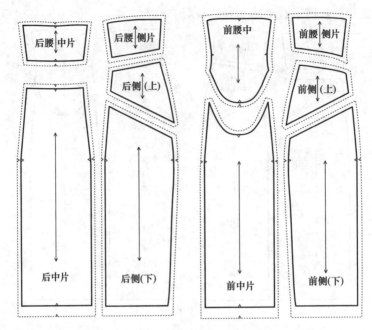

图 2-31

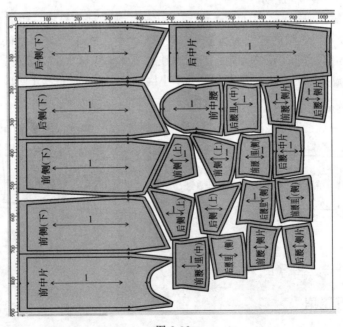

图 2-32

规格：腰围 74cm　裙长 58cm

门幅：90cm

用料：2×裙长

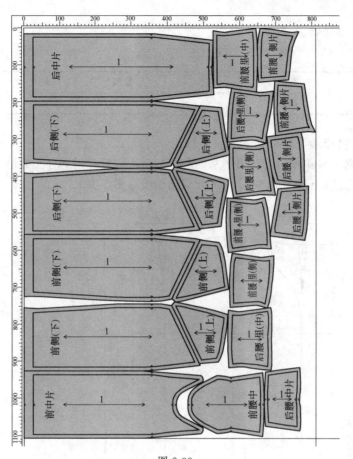

图 2-33

规格：腰围 74cm　裙长 58cm

门幅：110cm

用料：2×裙长＋25cm

图 2-34

## 2. 制图规格（表 2-5）

表 2-5　制图规格　　　　　　　　　　　　　　　单位：cm

| 号型 | 部位 | 裙长 | 臀围 | 腰围 | 腰宽 |
|------|------|------|------|------|------|
| 160/68A | 规格 | 68 | 94 | 69 | 4 |

## 3. 制图步骤

（1）制图步骤一　绘制裙子基础型，然后把前后臀围平分三等份，在臀围线以上侧缝通过前后片 2/3 等分点画分割结构线（图 2-35）。

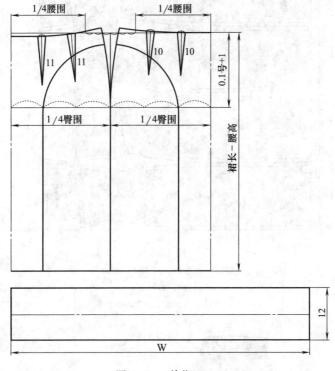

图 2-35　（单位：cm）

（2）制图步骤二　把省分别移到等分线上，绘制合并符号；然后把各省合并，使省量转移到侧边的弧形分割线。部分残余省没有合并（图 2-36）。

（3）制图步骤三　视图：按图示横向分割线剪切裙侧片，把拱形侧片的残省合并消除掉使下部展开，再把下摆正方形纸样等分，然后上下张开。数据可以根据设计者的意图给出（图 2-37）。

（4）制图步骤四　加放缝份示意图：所有裁片均加放 1cm 的缝份（图 2-38）。

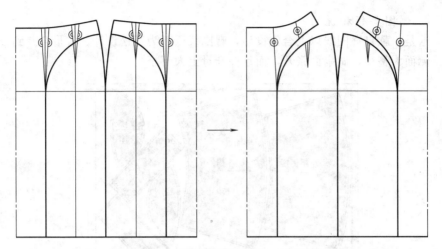

图 2-36

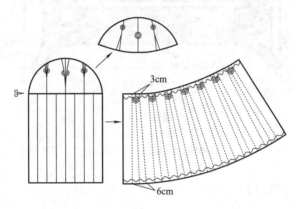

图 2-37

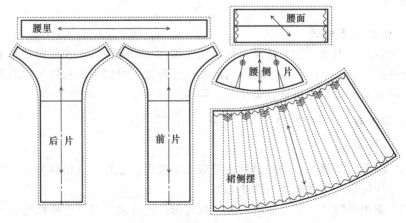

图 2-38

### 4.制图要领和说明

这是一款自臀围线以上合体设计，臀围线以下为宽松设计。省量合并到分割线，侧面为整片，做扇面张开，而且展开量上大下小。

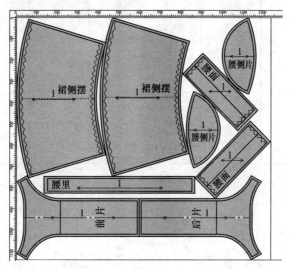

图 2-39

规格：裙长 60cm

腰围 70cm

门幅：90cm

用料：2×裙长＋4＝124cm

### 5.排料示意图（图 2-39）

## 五、褶裙

### 1.款式外形概述

此裙因其造型也可称为塔裙，分割线为横向三份分割，这种分割是为了形成自然褶的加工而设计的。由于该结构的宽松度较大，可以采用直接采寸的方法设计。这种有节奏的多褶设计，集华丽、飘逸、自然于一身（图 2-40）。

### 2.制图规格（表 2-6）

### 3.制图步骤

（1）制图图步骤一　按照设计构思做 1/4 腰围，上片腰口松量为 1/4 腰围的一半，下片同理，依此类推（图 2-41）。

（2）制图步骤二　裁片分解图并加放缝份，所有裁片的下摆都加放 2cm，其他部位均加放 1cm（图 2-42）。

图 2-40

表 2-6 制图规格 单位：cm

| 号型 | 部位 | 裙长 | 腰围 | 腰宽 |
|------|------|------|------|------|
| 160/68A | 规格 | 68 | 68 | 3 |

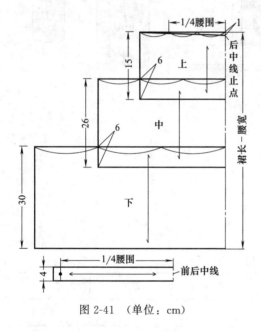

图 2-41 （单位：cm）

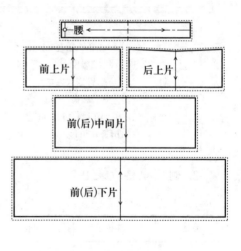

图 2-42

4. 排料示意图 （图 2-43）

# 六、礼服裙

1. 款式外形概述

这款裙子是及脚踝的长裙，造型呈直身型，在左片做纵向分割，做切展设计，形成左右不对称造型，飘逸的裙褶和修身的造型展示着女性的柔美和高贵（图 2-44）。

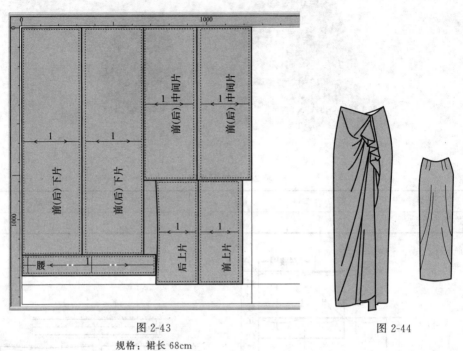

图 2-43

规格：裙长 68cm

腰围 68cm

臀围（忽略）

腰高 32cm

门幅：142cm

用料：裙长＋35～40cm

图 2-44

## 2. 制图规格（表 2-7）

表 2-7　制图规格　　　　　　　　单位：cm

| 号型 | 部位 | 裙长 | 腰围 | 臀围 | 腰高 |
|---|---|---|---|---|---|
| 160/68A | 规格 | 90 | 74 | 97 | 2 |

## 3. 制图步骤

（1）制图步骤一　按照基本裙型绘制框架，裙腰为 2cm，和裙片连腰，前后片双省分别为臀腰差的 2/3（图 2-45）。

（2）制图步骤二　做结构线的分割。左片从省尖向下纵向分割，然后根据款式做褶分割线。臀围线下 26cm（膝围线的位置）设开衩（图 2-46）。

图 2-45 （单位：cm）

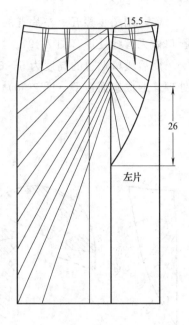

图 2-46 （单位：cm）

（3）**制图步骤三** 右片纸样按照分割线展开，把两个省合量展开到分割线（图 2-47）。

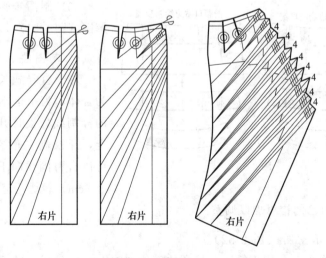

图 2-47 （单位：cm）

（4）**制图步骤四** 制作荷叶边，按照等分切割线切割张开，张开量为设计量，可根据设计意图给出张开量，张开的量越大形成的垂褶就越丰富，叠加量就越多（图2-48）。

（5）制图步骤五　左片省的处理，分别把省量的一半从纸样两侧去掉。使得腰口做无省缝处理（图2-49）。

前后腰口贴边的高度为5～6cm，分别把腰口两省合并使前后腰口贴边无省处理，形成扇面造型（图2-50）。

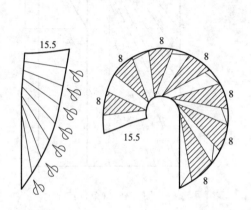

图2-48　（单位：cm）

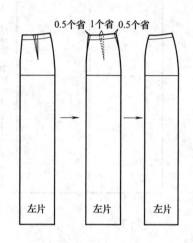

图2-49

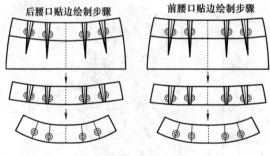

图2-50

（6）制图步骤六　裁片分解图（图2-51）

**4. 制图要领和说明**

对于直身式长裙，整体较为合体，为了运动方便在前片的分割线处设计开衩以便于行走，开衩高一般在膝部附近，可以自臀围线向下量取臀高加上3cm，较为合适，这个设计量可以根据自己的构思加以调整。

**5. 放缝示意图（图2-52）**

下摆放缝2.5cm用于折边，其余的部位加放1cm的缝份。前后腰口贴边宽为6cm或7cm，份为1cm。如果封闭拉链放到侧缝，那就要在拉链位置根据面料情况适当放宽缝份。

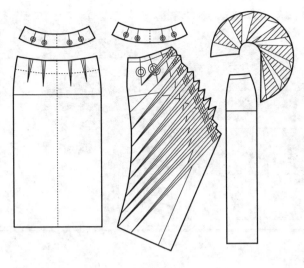

图 2-51

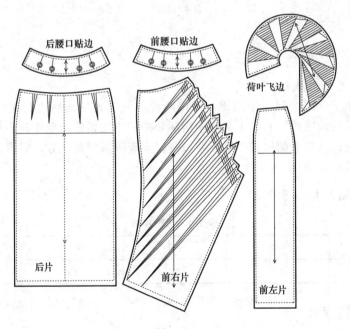

图 2-52

## 6. 排料示意图

可以根据幅宽的不同酌情排料，做批量裁剪时可以采用套排套裁更为节省面料，本图只是一种单件排料（图 2-53）。

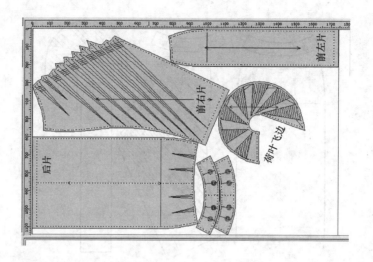

图 2-53

规格：裙长 90cm　臀围 97cm　腰围 74cm　腰高 2cm

门幅：114cm

## 七、多片分割褶裙

### 1. 款式外形概述

这款裙子（图 2-54）是褶裙，采用两种不同质地的面料进行组合，臀围以上采用材质较致密的面料，下部规律褶部分采用质地柔软定型性和垂感较好的薄型面料。侧面分别有斜插袋，后中装拉链，穿着效果洒脱大方，裙褶在人体运动中产生很美的律动感。

### 2. 制图规格（表 2-8）

表 2-8　制图规格　　　　　　　　　　　　　　　　　单位：cm

| 号型 | 部位 | 裙长 | 腰围 | 腰宽 |
|------|------|------|------|------|
| 160/68A | 规格 | 62 | 69 | 3 |

### 3. 制图步骤

（1）制图步骤一　绘制裙子框架图（图 2-55）。

（2）制图步骤二　绘制裙子结构图。在臀围线以上 3cm 画横向育克线，并把腰省省尖延长至育克线，根据款式图所示褶裥的数量，把前后片等分，把前腰省移到前中的纵向分割线中。绘制袋口（图 2-56）。

（3）制图步骤三　裙子裁片分解步骤（图 2-57～图 2-61）。

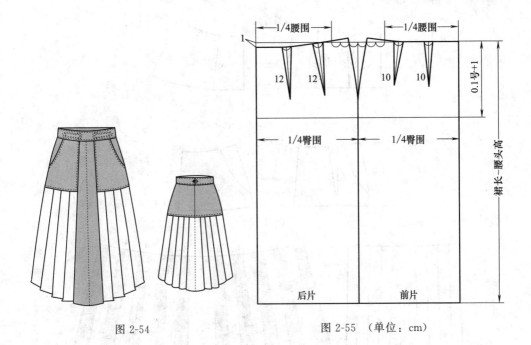

图 2-54

图 2-55 （单位：cm）

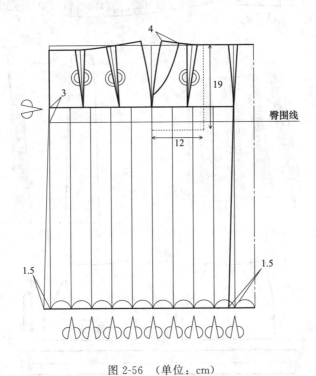

图 2-56 （单位：cm）

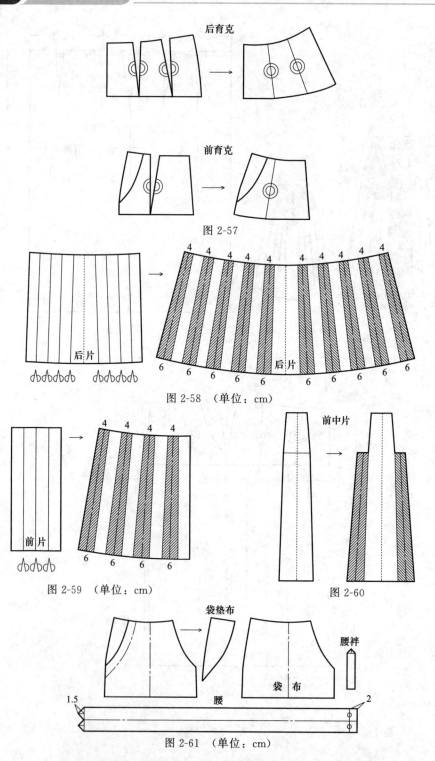

图 2-57

图 2-58 （单位：cm）

图 2-59 （单位：cm）

图 2-60

图 2-61 （单位：cm）

4. 制图要领和说明

此裙是与育克结合的裥裙,因褶裥的形态不同,裙的外形可有多种,如直身型裥裙、A 型裥裙。

5. 放缝示意图

后育克在后中处安装拉链,所以放缝可根据面料情况酌情加放。腰头里部加放 1.5cm,便于缝纫(图 2-62)。

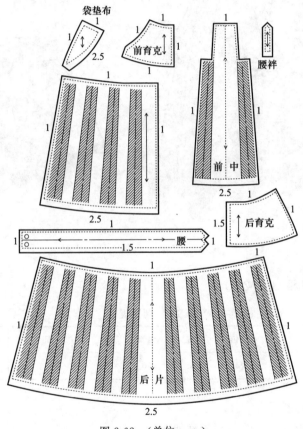

图 2-62 (单位:cm)

6. 排料说明

此款因有多种面料组合,排料要分别进行。(略)

## 八、手帕裙

1. 款式外形概述

手帕裙(图 2-63)的摆幅很大,近似于方形,裙摆垂下后,底边不是水平的，而是参差的，呈手帕边角状。手帕裙的下摆极有特色，为了强调这一特点，可以在裙摆线增加边饰，如缝制蕾丝花边，镶滚缎带，垂吊珠穗等。裙摆阔度量可以是整圆，也可以是720°甚至更多，可根据预想效果给予不同设计量。为了达到理想的效果，手帕裙最好选用软垂的丝绸面料制作。

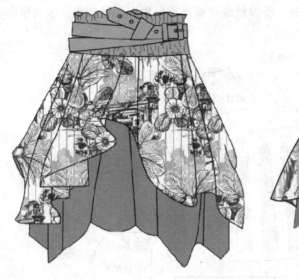

图 2-63

## 2. 制图规格（表2-9）

表 2-9　制图规格　　　　　　　　　　　　　　　　　　单位：cm

| 号型 | 部位 | 裙长 | 腰围 | 腰宽 |
| --- | --- | --- | --- | --- |
| 160/68A | 规格 | 50 | 70 | 8 |

## 3. 制图步骤

（1）制图步骤一　绘制裙子框架图。

绘制腰口圆 $W+40\text{cm}$ ，把裙子理解为两个半径不等的同心圆的叠加。其中40cm为安装橡皮筋的松量，利用圆周率算出腰口所在的圆周半径 $r=(W+40)/2\pi$ ，绘制外层裙长为30cm，内层裙长为58cm（图2-64）。

（2）制图步骤二　外层为方形裙摆，内层为八边形裙摆，也可以根据自己的喜好做正多边形裙摆。总裙长为腰口到外裙摆尖角处（图2-65）。

（3）制图步骤三　画结构图，后裙腰口低落1cm（图2-66）。

（4）制图步骤四　裁片分解图（图2-67）和放缝图（图2-68）。

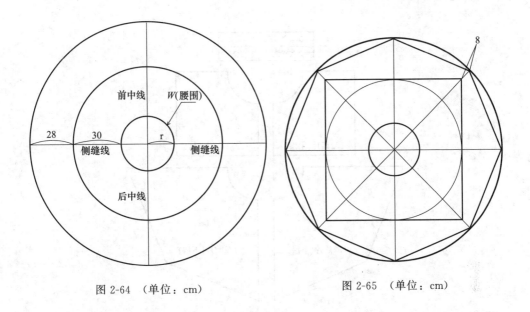

图 2-64 （单位：cm）　　　　　　　　图 2-65 （单位：cm）

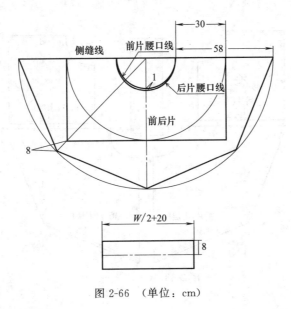

图 2-66 （单位：cm）

**4. 制图要领和说明**

① 手帕裙是喇叭裙的一种形式，根据裙摆大小可分为 90°圆裙、180°圆裙、360°圆裙，甚至 720°圆裙或者更大。例如腰围尺寸等于整个圆，就是 180°圆裙；腰围尺寸等于半个圆周，就是 360°圆裙；以此类推。②注意后中线顶点设计时腰降低 1~1.5cm，已取得裙摆成型后的水平状态。

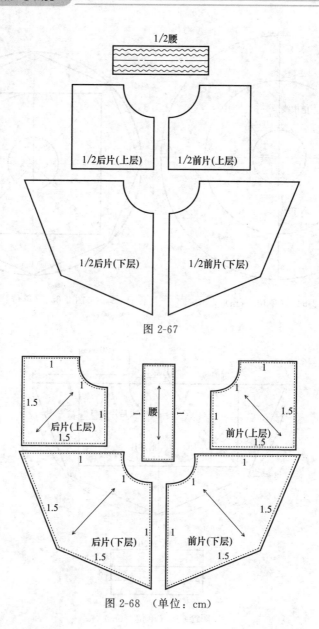

图 2-67

图 2-68 （单位：cm）

# 第三章
# 裤子结构制图

裤子是指人体自腰以下的下肢部位穿着的服装，分为中式裤和西式裤。由于目前普遍穿着西式裤，所以本书介绍的制图均以西式裤为例。

西裤属立体型结构，它的形状轮廓是以人体结构和体表外形为依据而设计的。在西裤制图时，一般应掌握 5 个控制部位数据，即裤长、上裆长、腰围、臀围、脚口。这些数据是西裤制图时必不可少的规格依据，而款式的变化，只是对控制部位的放松、收拢、加长、缩短的程度。

西裤的款式繁多，从不同的角度有不同的分类方法。本书主要根据外形来介绍西裤的结构制图，同时介绍各型西裤的构成原理、制图要领和变化规律，从而使学习者达到举一反三、灵活应用的目的。

## 第一节　基本裤型（西裤）的制图原理与方法

西裤是西长裤中的基本类型，属适身型。它的特点是适身合体，裤的腰部紧贴人体，腹部、臀部稍松，穿着后外形挺拔美观。

### 一、女西裤

#### （一）制图依据

1. 款式分析

款式特征：裤腰为装腰型直腰。

前裤片腰口左右反折裥各 2 个，前袋的袋型为侧缝直袋，后裤片腰口收省左右各 2 个，右侧缝上端开口处装拉链（图 3-1）。

适用面料：化纤类、棉布类、呢绒类等。

2. 测量要点

（1）裤长的测定　裤长一般自体侧髋骨处向上 3cm 左右为始点，顺直向下量至所需长度。就长裤而言，裤长的终止点与裤脚口有关，裤脚口小，裤长受脚面倾斜度的制约不能任意加长；裤脚口大，裤长可以适当加长；裤脚口适中，则裤长一般量至外踝骨下 3cm 左右。

（2）上裆长的测定　上裆的长度一般随款式而异，常规适身型西裤的上裆由侧腰部髋骨处向上 3cm 处量至凳面的距离，宽松型西裤可以稍加长上裆，使人体与裤裆底保持一定的宽松度，紧身型西裤应适量地稍减短上裆长度（图 3-2）。

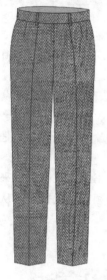  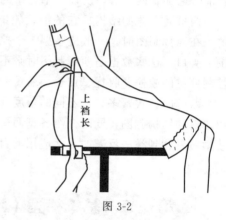

图 3-1                                                图 3-2

（3）腰围的放松量　裤腰围的放松量一般为 1～2cm。

（4）臀围的放松量　臀围的放松量因款式而异，一般适身型西裤的放松量为 7～10cm。

3. 制图规格（表 3-1）

表 3-1　制图规格

单位：cm

| 号型 | 部位 | 裤长 | 腰围 | 臀围 | 上裆 | 脚口围 | 腰头宽 |
|------|------|------|------|------|------|--------|--------|
| 160/68A | 规格 | 100 | 70 | 98 | 29 | 40 | 3 |

### （二）女西裤各部位线条名称

女西裤各部位线条名称见图 3-3。

### （三）结构制图

**1. 前裤片制图（图 3-4）**

① 基本线（前侧缝直线）　首先作出的基础直线。

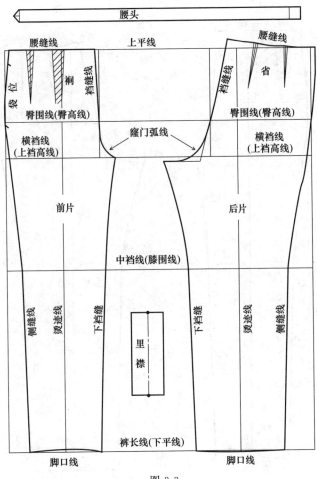

图 3-3

② 上平线　与基本线垂直相交。

③ 下平线（裤长线）　取裤长减腰宽，与上平线平行。

④ 上裆高线（横裆线）　由上平线量下，取上裆减腰宽。

⑤ 臀高线（臀围线）　取上裆高的 1/3，由上裆高线向上量。

⑥ 中裆线　按臀围线至下平线的 1/2 向上抬高 4cm，平行于上平线。

⑦ 前裆直线　在臀高线上，以前侧缝直线为起点，取 $H/4-1cm$ 宽度画线，平行于前侧缝直线。

⑧ 前裆宽线　在上裆高线上，以前裆直线为起点，向左 $0.04H$，与前侧缝直线平行。

⑨ 前横裆大　在上裆高线与侧缝直线相交处偏进 1cm。

⑩ 前烫迹线　按前横裆大的 1/2 作平行于侧缝直线的直线。

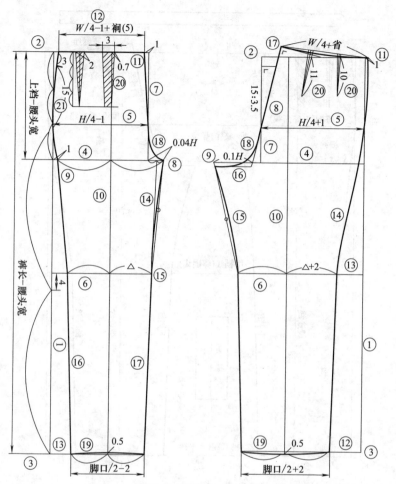

图 3-4 （单位：cm）

⑪ 前裆内劈线　以前裆直线为起点，偏进 1cm。

⑫ 前腰围大　取 $W/4-1cm+$裆 （5cm）。

⑬ 前脚口大　按脚口大 $/2-2cm$，以前烫迹线为中点两侧平分。

⑭ 前中裆大定位线　以前裆宽线两等分，取中点与脚口线相连。

⑮ 前中裆大　以前烫迹线为中点两侧平分。

⑯ 前侧缝弧线　由上平线与前腰围大交点至脚口大点连接画顺。

⑰ 前下裆弧线　由前裆宽线与横裆线交点连接画顺。

⑱ 前裆弧线作图方法见图 3-5。

⑲ 前脚口弧线　在上平线上前烫迹线处进 0.5cm，然后与脚口大点连接画顺。

⑳ 折裥

a. 前折裥　反裥，裥大 3cm，以前烫迹线为界，向门襟方向偏 0.7cm（正裥则向侧缝方向偏）。

b. 后折裥　反裥，裥大 2cm，在前裥大点与侧缝线的中点两侧平分，裥长均为上平线至臀围线的 3/4。

㉑ 侧缝直袋位　上平线下 3cm 为上袋口，袋口大为 15cm。

**2. 后裤片制图**（图 3-4）

①～⑥ 均与前裤片相同。

⑦ 后裆直线　在臀高线上，以后侧缝直线为起点，取 $H/4+1cm$ 宽度画线，平行于后侧缝直线。

⑧ 后裆缝斜线　在后裆直线上，以臀围线为起点，取比值为 15:3.5，作后裆缝斜线。

⑨ 后裆宽线　在上裆高线上，以后裆缝斜线为起点，取 0.1H。

⑩ 后烫迹线　在上裆高线上，取后侧缝直线至后裆宽线的 1/2，作平行于后侧缝直线的直线。

⑪ 后腰围大　按后侧缝直线偏出 1cm 定位。

⑫ 后脚口大　按脚口大 1/2+2cm 定位，以后烫迹线为中点两侧平分。

⑬ 后中裆大　取前中裆大的 1/2+2cm 为后中裆大的 1/2。

⑭ 后侧缝弧线　由上平线与后腰围大交点至脚口大点连接画顺。

⑮ 后下裆缝弧线　由后裆宽线与横裆线交点至脚口大点连接画顺。

⑯ 落裆线　按后下裆线长减前下裆长（均指中裆以上段）之差，作平行于横裆线的直线。

⑰ 后腰缝线（图 3-6）

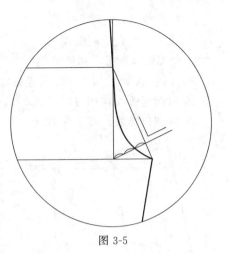

图 3-5

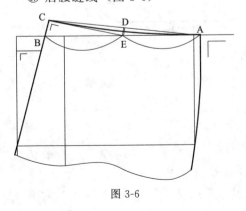

图 3-6

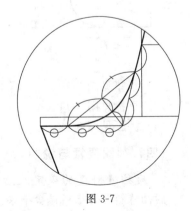

图 3-7

a. 将直线 AB 两等分，得 E 点。

b. 使 AE 垂直于侧缝弧线。

c. 使 CE 垂直于后裆缝斜线。

d. 连接 AC，然后将 DE 两等分，过此中点，画顺 AC 弧线即为后腰缝线。

⑱ 后裆缝弧线作图方法见图 3-7。

⑲ 后脚口弧线　在上平线上，后烫迹线处出 0.5cm，然后与脚口大点连接画顺。

⑳ 后省　以后腰缝线三等分定位，省中线与腰缝直线垂直，省量确定（图 3-8），近侧缝边省稍小，省长 10～12cm；近后缝边省稍大，省长 11～13cm。

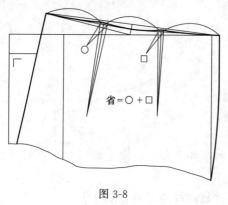

省＝○＋□

图 3-8

3. 零部件制图

女西裤的零部件主要有侧缝袋布、袋垫、里襟、裤腰。

（1）侧缝袋布见图 3-9。

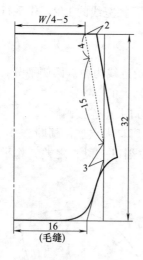

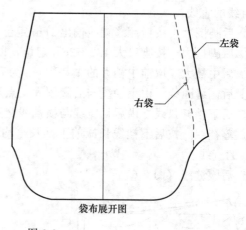

左袋

右袋

袋布展开图

图 3-9

（2）袋垫见图 3-10。

（3）里襟见图 3-11。

（4）裤腰见图 3-12。

**（四）制图要领与说明**

1. 后裆缝斜度的确定及后裆缝斜度与后翘的关系

后裆缝斜度是指后裆缝上端的偏进量。后裆缝斜度大小与臀腰差的大小、后

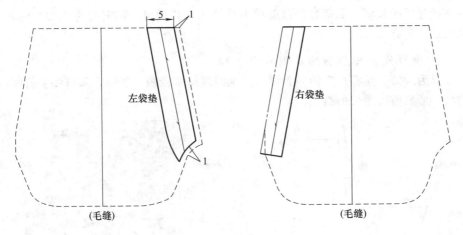

图 3-10 （单位：cm）

裤片省的多少、省量的大小、裤子的造型（紧身、适身、宽松）等因素有关。

臀腰差越大，后裆缝斜度越大，反之越小；后裤片省越少、省量越小时，后裆缝斜度越大，反之越小；宽松型西裤后裆缝斜度小于适身型西裤，而紧身型西裤后裆缝斜度大于适身型西裤。

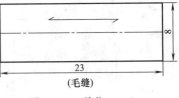

图 3-11 （单位：cm）

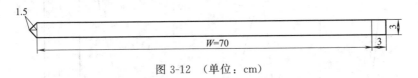

图 3-12 （单位：cm）

本书后裆缝斜度的确定采取两直角边的比值方法，制图时可以根据以上原理酌情调节。后翘是指后腰缝线在后裆缝上的抬高量。后翘与后裆缝斜度有关，如果没有后翘则后裆缝拼接后会产生凹角，因此，后翘是使后裆缝拼接后后腰口顺直的先决条件，后裆缝斜度越大则后翘越大，反之越小。

2. 裥、省与臀腰围差的关系

臀腰围差越大，裥、省越多，裥、省量越大，反之越少，量越小。一般来说，当臀腰差大于25cm时，适合做前片收双裥、后片收双省处理；当臀腰差在20～25cm时，适合做单裥单省处理；当臀腰差在20cm以下时，适合做无裥省处理。当然，款式因素也是西裤裥省处理的条件之一。

3. 后片裆缝低落数值的确定

后片裆缝低落数值（图3-13）是因后下裆缝线的斜度大于前下裆缝线斜度引起的，由此造成后下裆缝线长于前下裆缝线，以后裆缝低落一定数值来调节前后下裆缝线的长度，低落数值以前后下裆缝线等长即可，同时要考虑面料因素、采用的工艺方法等。

4. 脚口线前凹后凸的原因（图 3-14）

因为人的脚面有一定的倾斜度，而足跟倾斜度较缓，所以，脚口线呈前凹后凸状，形成前短后长的斜边。

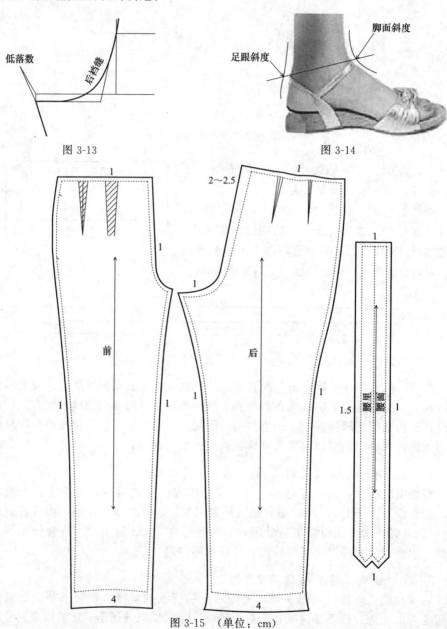

图 3-13

图 3-14

图 3-15 （单位：cm）

### （五）女西裤放缝示意图

一般情况下，西裤除脚口处缝头放 4cm（图 3-15）外，其余部位均放 1cm，此处后裆缝腰口处放 2～2.5cm，是备放缝（即为防止人体长胖时，裤子腰围偏瘦预留的放缝）。

### （六）女西裤排料示意图

女西裤排料示意图见图 3-16。

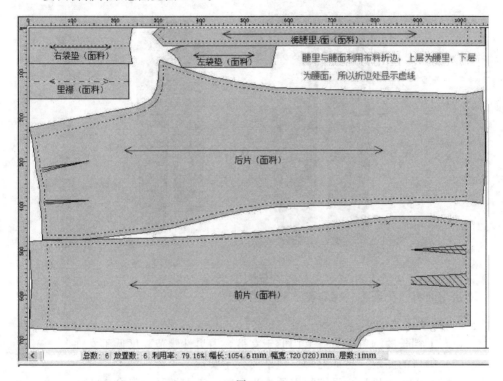

图 3-16

规格：裤长 100cm　　腰围 70cm　　臀围 98cm

门幅：144cm（面料对折排料）

用料：裤长＋5cm＝105cm（臀围超过 113cm 时，每增加 3cm，另加长 3cm）

1. 左、右垫袋布及里襟均单层即可，串带祥可利用布边排料。

2. 若面料门幅为 90cm，则用料为 2（裤长＋5），且臀围超过 117cm 时，每增加 3cm，另加长 6cm

## 二、男西裤

### （一）制图依据

#### 1. 款式分析

款式特征：裤腰为装腰型直腰。前中门里襟装拉链，前裤片腰口左右反折裥各 1 个，前袋的袋型为侧缝斜袋，串带祥 6 根。后裤片腰口左右各收省 2 个，右后裤片单嵌线袋 1 个，平脚口（图 3-17）。

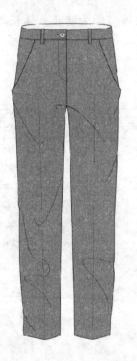

图 3-17

适用面料：化纤类、棉布类、呢绒类等。

2. 测量要点

(1) 上裆长的测定　男裤上裆低于女裤，因男性腰节高度低于女性。

(2) 脚口的测定　男裤的脚口规格要大于女裤。

(3) 腰围的放松量　男裤腰围的放松量略大于女裤，一般在 2～3cm。

(4) 臀围的放松量　适身型男西裤的放松量略大于女裤，一般在 8～11cm。

3. 制图规格（表 3-2）

表 3-2　制图规格　　　　　　　　　　　　　　单位：cm

| 号型 | 部位 | 裤长 | 腰围 | 臀围 | 上裆 | 脚口 | 腰头宽 |
|------|------|------|------|------|------|------|--------|
| 170/74A | 规格 | 103 | 76 | 100 | 28 | 22 | 4 |

(二) 结构制图

1. 前后裤片制图

前后裤片框架制图和结构制图方法和顺序均与女西裤大致相同。

（1）男西裤前后裤片框架制图见图 3-18。

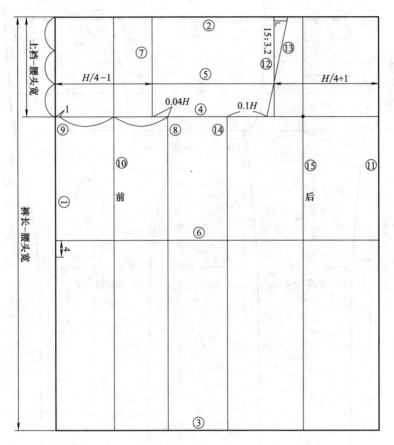

图 3-18 　（单位：cm）

（2）男西裤前后裤片结构制图见图 3-19。

2. 零部件制图

男西裤的零部件主要有裤腰、裤带袢、前袋布及垫布、后袋布及嵌线、垫布、门里襟、小裤底、大裤底、贴膝绸等（除注明毛缝制图外，其余均为净缝制图）。

（1）裤腰（两片）（图 3-20）。

（2）裤带袢（6 根）（图 3-21）。

（3）斜袋布及垫布（图 3-22）。

（4）后袋布及垫布、嵌线（图 3-23～图 3-25）。

（5）门、里襟（图 3-26，图 3-27）。

（6）大裤底、小裤底、贴膝绸（图 3-28、图 3-29）。

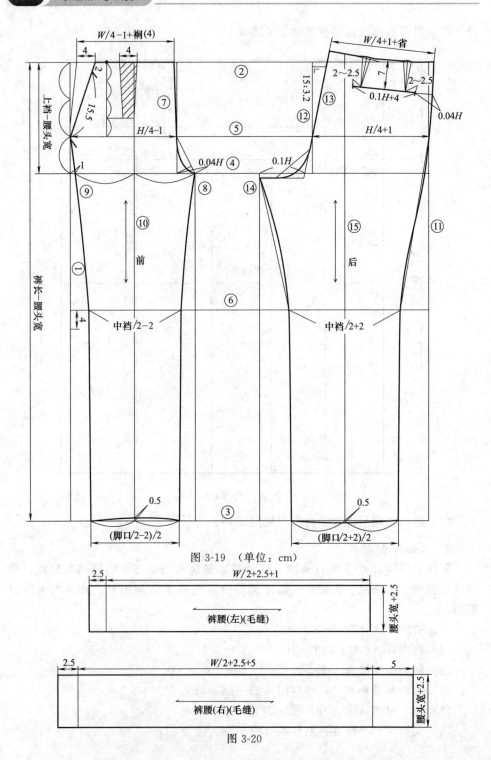

图 3-19 （单位：cm）

图 3-20

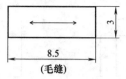

图 3-21　（单位：cm）

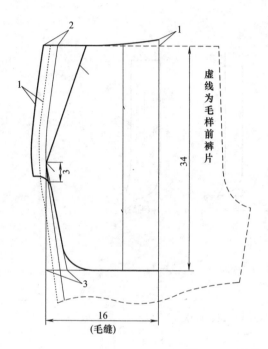

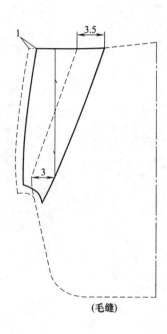

图 3-22　（单位：cm）

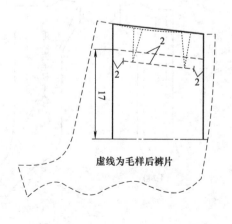

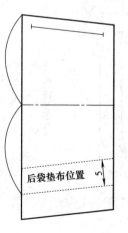

图 3-23　（单位：cm）

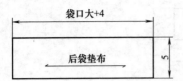

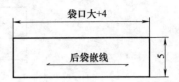

图 3-24 （单位：cm）　　　　　　图 3-25 （单位：cm）

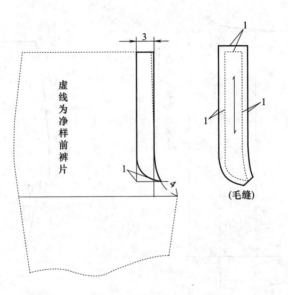

图 3-26 （单位：cm）

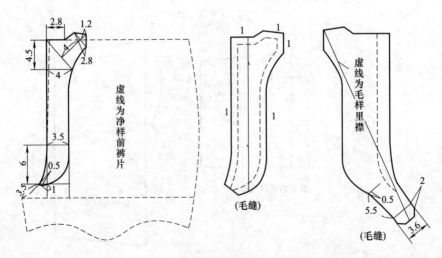

图 3-27 （单位：cm）

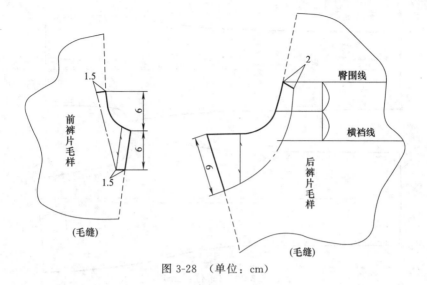

图 3-28　（单位：cm）

### （三）制图要领与说明

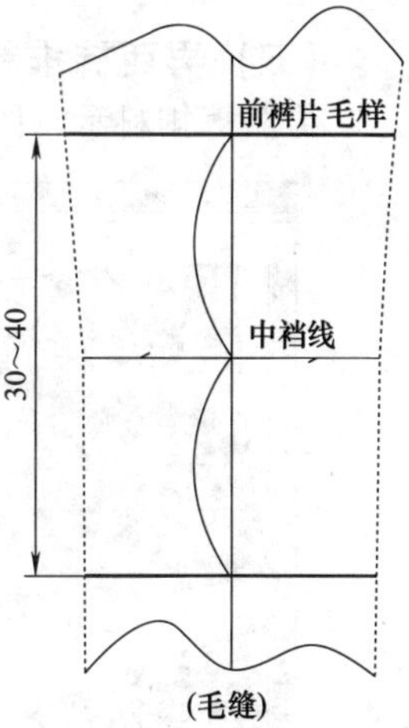

**1. 男妇裤在制图上的区别**

（1）男、女体型腰部以下的差别：男性臀腰差小于女性，因而男性腰至臀部两侧的弧度小于女性；男性的腰围、臀围、腿围一般大于女性；男性臀部与腹部比女性平坦。

（2）由体型差别反映在西裤结构制图上的区别：在褶、省的收量上男裤小于女裤；前后裤片侧缝的弧度男裤小于女裤；男裤的控制部位规格大于女裤；男裤前裆缝与前侧缝的劈势量小于女裤。

（3）款式上的区别

① 开门　男裤为前开门，女裤有侧开门和前开门两种。

② 裤腰　一般男裤裤腰略宽于女裤裤腰（高腰与宽腰除外）。

③ 后袋　男裤设后袋，女裤一般不设后袋。

④ 褶省　一般男裤前片设褶，而女裤前片也可以设省。

**2. 前裆缝在腰口处劈势量的控制**

前裆缝在腰口处劈势量与前裤片腰口折裥量大小有关。前裤片腰口折裥量大，则劈势量相应减小；前裤片腰口折裥量小，则劈势量相应加大。一般当前裤片腰口为双折裥时，劈势量控制在 0.5～1cm，当前裤片腰口为无裥时，劈势量控制在 1.5cm 左右，劈势量一般女裤大于男裤。

### （四）男西裤放缝示意图

男西裤放缝示意图见图 3-30。

图 3-29　（单位：cm）

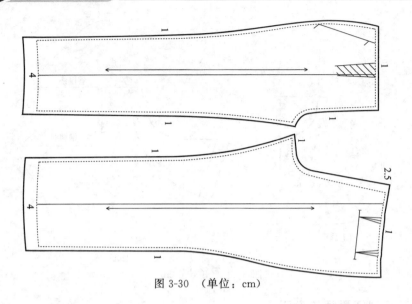

图 3-30 （单位：cm）

## （五）男西裤排料示意图

男西裤排料示意图见图 3-31。

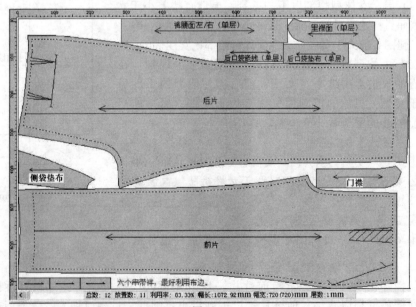

图 3-31

规格：裤长 103cm　　腰围 76cm　　臀围 100cm

门幅：144cm（面料对折排料）

用料：裤长＋5cm＝108cm（臀围超过 113cm 时，每增加 3cm，另加长 3cm）

1. 左、右垫袋布及里襟均单层即可，串带祥可利用布边排料。

2. 若面料门幅为 90cm，则用料为 2（裤长＋5），且臀围超过 117cm 时，每增加 3cm，另加长 6cm

## 第二节 裤型结构的变化与应用

西裤的变化主要是通过外形（即适身型、紧身型、宽松型）、裤长及局部（即袋、腰、省、裥等）来体现的。

### 一、连腰喇叭裤

#### （一）制图依据

##### 1. 款式分析

款式特征：裤腰为连腰型直腰。前中门里襟装拉链，装饰扣4粒，前裤片腰口左右收省各2个，省道处缉明线，前袋的袋型为插袋，后裤片腰口左右各收省2个，省道处缉明线，裤子呈喇叭形，脚口外反（图3-32）。

适用面料：化纤类、棉布类、呢绒类等。

##### 2. 测量要点

（1）裤长的测定　自体侧髋骨处向上1cm，顺直向下量至外踝骨下3cm左右或离地面4cm左右。

（2）腰围的测定及放松量　从髋骨处向上1cm围量一周，放松量一般为1～2cm。

图 3-32

（3）臀围的放松量　此裤属紧身型，臀围的放松量不宜过大，一般在4cm左右。

（4）上裆长的测定　上裆长度应比适身型稍短。

##### 3. 制图规格（表3-3）

表3-3　制图规格　　　　　单位：cm

| 号型 | 部位 | 裤长 | 腰围 | 臀围 | 上裆 | 脚口 | 中裆 |
|---|---|---|---|---|---|---|---|
| 160/68A | 规格 | 98 | 72 | 94 | 25 | 27 | 22 |

## (二) 结构制图

结构制图见图 3-33。

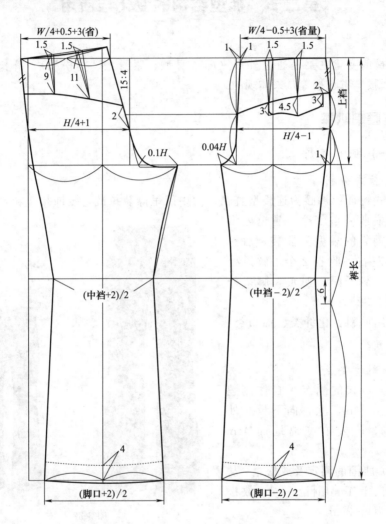

图 3-33 （单位：cm）

## (三) 制图要领与说明

中裆高度定位与裤造型变化有密切的关系：本书中裆定位的方法是以臀高线至下平线的距离的中点为基本点，设基本点为零。当中裆高度处于 0～2cm 时，裤造型为宽松型；当中裆高度高于基本点 2～4cm 时，裤造型为适身型；当中裆高度高于基本点 4～6cm 时，裤造型为紧身型（图 3-34）。

连腰喇叭裤放缝示意图、排料示意图均参照女西裤。

## 二、牛仔裤

### (一) 制图依据

#### 1. 款式分析

款式特征：贴体紧身。裤腰为装腰型直腰。前片腰口无裥，前袋的袋型为横袋（月亮袋），前中门里襟装拉链。后片拼后翘，后贴袋左右各 1 个。裤腰、门襟、脚口、裤带袢（5 根）、前袋口、后贴袋、后翘、侧缝、前后裆缝均缉明线（图 3-35）。

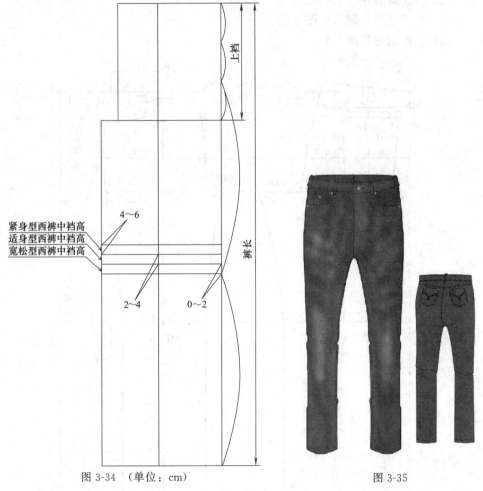

图 3-34 （单位：cm）　　　　　　　　图 3-35

适用面料：牛仔布等。

#### 2. 测量要点

(1) 裤长的测定　自体侧髋骨处向上 1cm，顺直向下量至外踝骨下 3cm 左右或离地面 4cm 左右。

（2）腰围的测定及放松量　从髋骨处向上 1cm 围量一周，放松量一般为 2～3cm。

（3）臀围的放松量　此裤属紧身型，臀围的放松量不宜过大，一般在 4cm 左右。

（4）上裆长的测定　上裆长度应比适身型稍短。

## 3. 制图规格（表 3-4）

表 3-4　制图规格　　　　　　　　　　　　单位：cm

| 号型 | 部位 | 裤长 | 腰围 | 臀围 | 上裆 | 中裆 | 脚口 | 腰宽 |
|------|------|------|------|------|------|------|------|------|
| 170/74A | 规格 | 101 | 78 | 94 | 26 | 21 | 21 | 4 |

## （二）结构制图

（1）裤子前后片制图见图 3-36。

（2）裤腰制图见图 3-37。

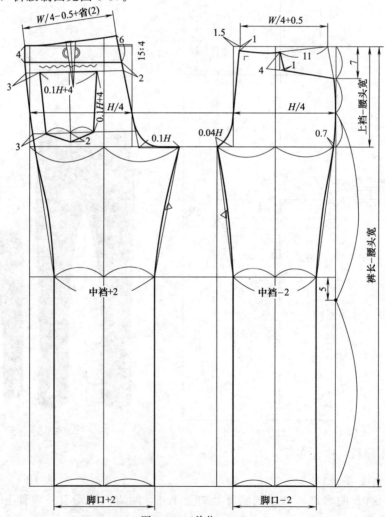

图 3-36　（单位：cm）

（3）育克合并效果图见图 3-38。

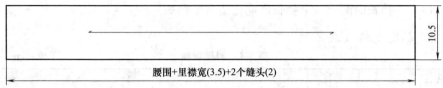

图 3-37　（单位：cm）

### （三）制图要领与说明

腰围分配与适身型西裤有所不同的原因：

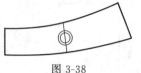

图 3-38

适身型西裤的腰围分配为前裤片 1/4 腰围－1cm；后裤片 1/4 腰围＋1cm。紧身型西裤的腰围分配为前裤片 1/4 腰围＋（0～1cm）；后裤片 1/4 腰围－（0～1cm）。原因是适身型西裤腰口设裥、省而紧身型西裤腰口不设裥、省，如按适身型腰围分配方法则可能出现前片腰口劈势过大，所以与后片腰围互借，以使紧身型西裤腰口的劈势得以控制在适量的范围内。

牛仔裤放缝示意图、排料示意图均参照女西裤。

## 三、九分裤（女）

### （一）制图依据

**1．款式分析**

款式特征：贴体紧身。裤腰为装腰型直腰。前片腰口无裥，前袋的袋型为横袋（月亮袋），前中门里襟装拉链。后片拼后翘，后贴袋左右各 1 个。裤腰、门襟、裤带袢（5 根）、前袋口、后贴袋、后翘、前后裆缝均缉明线，脚口拼色外翻（图 3-39）。

适用面料：薄牛仔布、厚棉布等。

**2．测量要点**

（1）裤长的测定　自体侧髋骨处向上 1cm，顺直向下量至外踝骨上 3cm 左右。

（2）腰围的测定及放松量　从髋骨处向上 1cm 围量一周，放松量一般为 1～2cm。

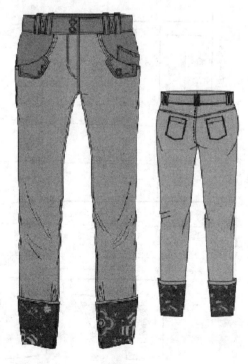

图 3-39

（3）臀围的放松量　此裤属紧身型，臀围的放松量不宜过大，一般在4cm左右。

（4）上裆长的测定　上裆长度应比适身型稍短。

### 3. 制图规格（表3-5）

表3-5　制图规格　　　　　　　　　　　　单位：cm

| 号型 | 部位 | 裤长 | 腰围 | 臀围 | 上裆 | 脚口 | 腰宽 | 基础线长 |
|------|------|------|------|------|------|------|------|----------|
| 160/68A | 规格 | 90 | 76 | 94 | 26 | 18 | 6 | 97 |

注：基础线长（97）＝基本裤型裤长（100）－腰宽（3）

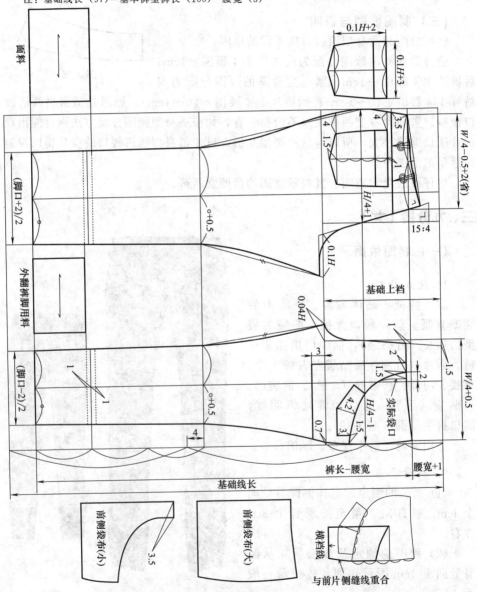

图3-40　（单位：cm）

## （二）结构制图

（1）前后裤片、前后袋、外翻裤脚结构图见图 3-40。

（2）裤腰结构图见图 3-41。

（3）育克合并效果图见图 3-42。

（4）前侧内袋结构图见图 3-43。

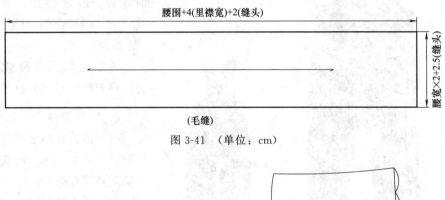

图 3-41　（单位：cm）

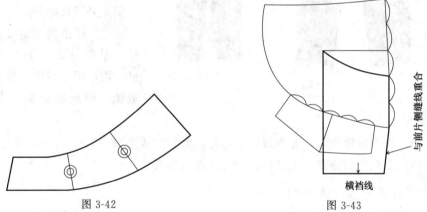

图 3-42

图 3-43

## （三）制图要领与说明

（1）为防止前片腰口劈势过大，除了腰围分配为前片 1/4 腰围＋0.5cm 外，还在侧袋口处处理掉 1.5cm 的省量。

（2）由于后片省止于育克下端，为防止合并后育克翘起过高，后腰口省量不宜过大，这里每个省取 1cm。

## 四、背带裤

### （一）制图依据

**1. 款式分析**

款式特征：宽松造型。腰口上连接衣身（其中前衣身上设带盖贴袋一个），衣身上接背带。前片腰口无褶，前袋的袋型为横袋（月亮袋），前中为装饰性门襟。后片腰口处左右各收省1个，后贴袋左右各1个。腰口、门襟、脚口、背带、衣身止口、前袋口、前后贴袋、下裆缝、前后裆缝均缉明线（图3-44）。

图3-44

适用面料：各种化纤类、棉布类中厚型面料等。

2. 测量要点

（1）裤长的测定　自体侧髋骨处向上3cm，顺直向下量至外踝骨处。

（2）腰围的测定及放松量　从髋骨处向上3cm围量一周，由于背带裤属宽松造型，因此放松量一般为6～8cm。

（3）臀围的放松量　此裤属宽松造型，臀围的放松量一般在10cm左右。

（4）上裆长的测定　上裆长度应与适身型接近。

3. 制图规格（表3-6）

表3-6　制图规格　　　　　　　　　　　　　　　单位：cm

| 号型 | 部位 | 裤长 | 腰围 | 臀围 | 上裆 | 脚口 |
|------|------|------|------|------|------|------|
| 160/68A | 规格 | 97 | 76 | 100 | 26 | 18 |

注：此规格表中上裆＝基本裤型上裆（29）－腰宽（3）。

## （二）结构制图

（1）前后裤片结构图、前片衣身结构图、前后口袋结构图见图3-45。

（2）后衣身结构图、前衣身贴袋、袋盖图见图3-46。

（3）背带结构图见图3-47。

（4）侧开口处里襟结构图见图3-48。

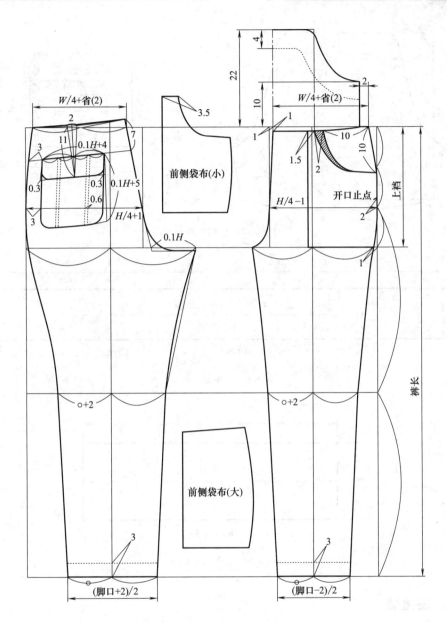

图 3-45 （单位：cm）

## （三）制图要领与说明

（1）虽然此款裤子为宽松造型，但为防止前片腰口劈势过大，除了腰围分配为前片 1/4 腰围外，还在侧袋口处理掉 2cm 的省量。

（2）前后衣身所画虚线为贴边的宽度。

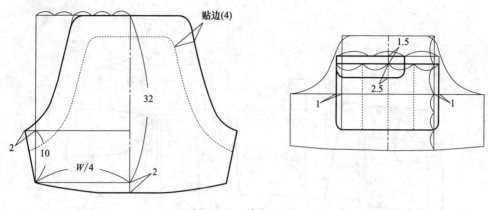

图 3-46 （单位：cm）

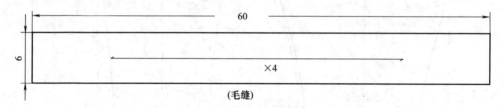

图 3-47 （单位：cm）

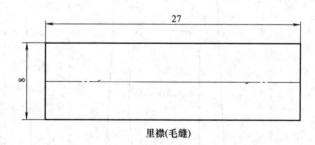

图 3-48 （单位：cm）

# 五、袋鼠裤

## （一）制图依据

### 1. 款式分析

款式特征：适身造型。裤腰为连腰型直腰。前片腰口左右各收 2 个省，前袋的袋型为袋鼠袋，前中无开口。后片拼后翘，缉明线，后中装暗拉链，后裤片左右各收暗裥 1 个。脚口处抽橡筋（图 3-49）。

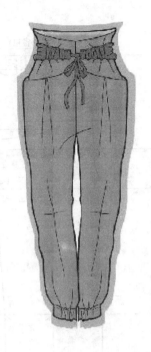
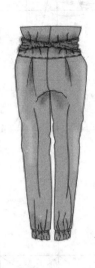

图 3-49

适用面料：各种化纤类、棉布类薄型垂感好的面料等。

2. 测量要点

（1）裤长的测定　自体侧髋骨处向上 3cm，顺直向下量至外踝骨下 3cm 左右或离地面 4cm 左右。

（2）腰围的测定及放松量　从髋骨处向上 3cm 围量一周，此款裤子属适身造型，放松量一般为 1～2cm。

（3）臀围的放松量　此裤属适身造型，臀围的放松量一般在 7～10cm。

（4）上裆长的测定　上裆长度应与适身型一致。

3. 制图规格（表 3-7）

表 3-7　制图规格　　　　　　　　　　　　　　　单位：cm

| 号型 | 部位 | 裤长 | 腰围 | 臀围 | 上裆 | 脚口 |
| --- | --- | --- | --- | --- | --- | --- |
| 160/74B | 规格 | 100 | 76 | 98 | 29 | 22 |

（二）结构制图

（1）前后裤片结构图见图 3-50。

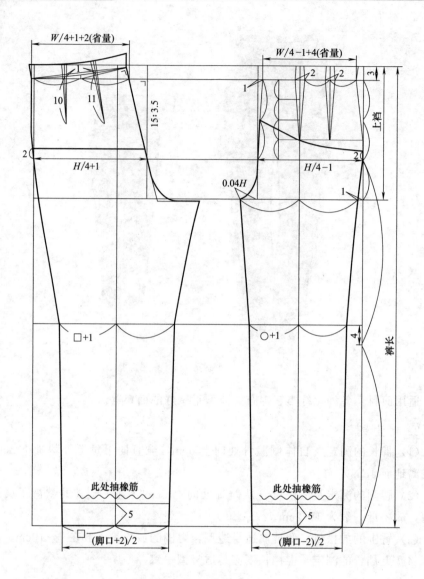

图 3-50　（单位：cm）

（2）前裤片展开图见图 3-51。

（3）后裤片展开图见图 3-52。

（4）前裤片育克图见图 3-53。

（5）前片袋布见图 3-54。

## （三）制图要领与说明

前裤片育克弧线 AB 以下部分直接充当一块袋布。

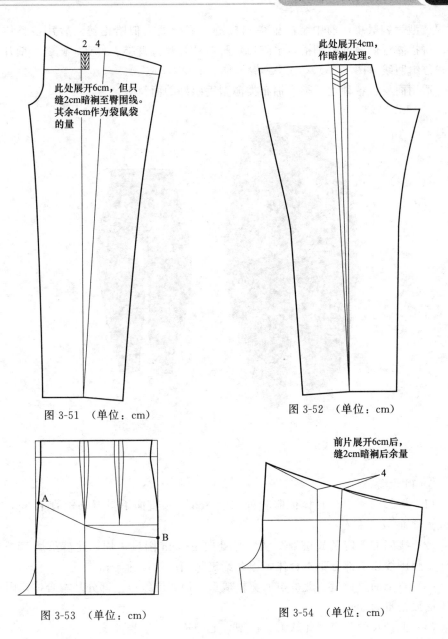

此处展开6cm，但只缝2cm暗裥至臀围线。其余4cm作为袋鼠袋的量

此处展开4cm，作暗裥处理。

图 3-51 （单位：cm）

图 3-52 （单位：cm）

前片展开6cm后，缝2cm暗裥后余量

图 3-53 （单位：cm）

图 3-54 （单位：cm）

# 六、萝卜裤

## （一）制图依据

### 1. 款式分析

款式特征：宽松造型。裤腰为连腰型直腰。前片腰口左右各收 3 个暗裥，前

袋的袋型为袋鼠袋，前中装门里襟和拉链，侧缝处类似哈伦裤。后片拼整体育克，拼接靠近侧缝处收细褶。窄脚口，脚口处开衩。裤腰、育克、侧缝、前片育克省位缉明线（图3-55）。

适用面料：各种化纤类、棉布类薄型垂感好的面料等。

图 3-55

**2. 测量要点**

（1）裤长的测定　自体侧髋骨处向上3cm，顺直向下量至外踝骨下3cm左右或离地面4cm左右。

（2）腰围的测定及放松量　从髋骨处向上3cm围量一周，此裤虽属宽松造型，但臀围线以上部分基本合体，因此给定腰围放松量为4cm。

（3）臀围的放松量　此裤虽属宽松造型，但臀围线以上部分基本合体，因此臀围的放松量为8cm。

（4）上裆长的测定　此款为宽松型，上裆长度应适当加长。

**3. 制图规格（表3-8）**

表 3-8　制图规格　　　　　　　　　　　　　　　单位：cm

| 号型 | 部位 | 裤长 | 腰围 | 臀围 | 上裆 | 脚口 | 腰宽 |
|------|------|------|------|------|------|------|------|
| 160/68A | 规格 | 100 | 72 | 98 | 30 | 14 | 6 |

## （二）结构制图

（1）前后裤片结构图见图 3-56。

（2）前裤片展开图见图 3-57。

（3）后裤片展开图见图 3-58。

（4）后裤片育克图见图 3-59。

（5）前侧垫布结构见图 3-60。

（6）脚口开衩条结构图见图 3-61。

（7）裤腰结构图见图 3-62。

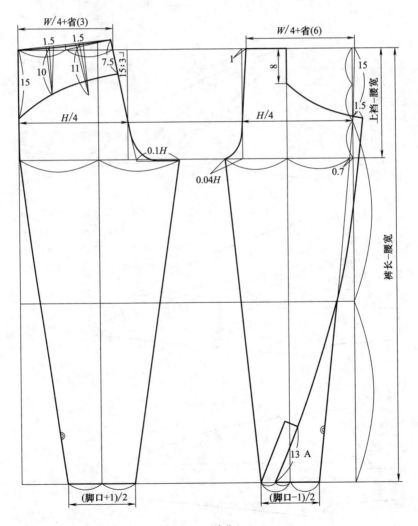

图 3-56　（单位：cm）

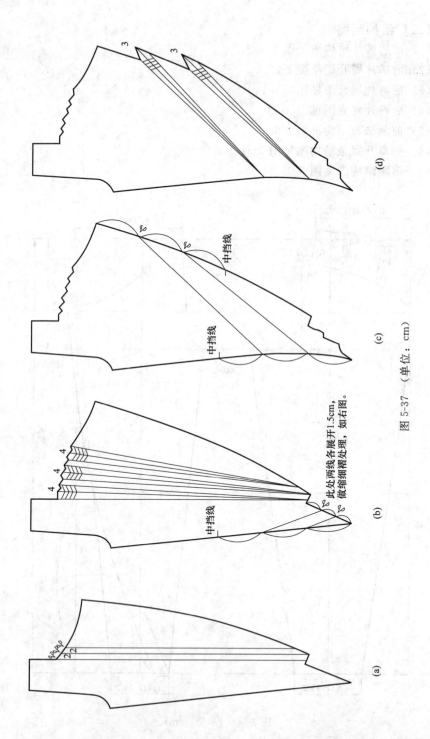

中挡线

此处两线各展开1.5cm，
做缩细褶处理，如右图。

图 5-37 （单位：cm）

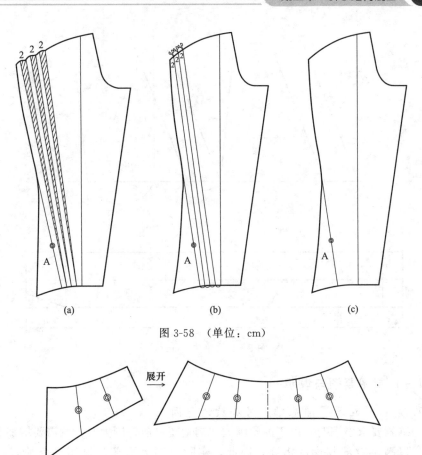

图 3-58 （单位：cm）

图 3-59

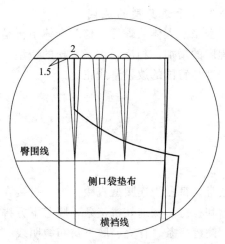

图 3-60 （单位：cm）

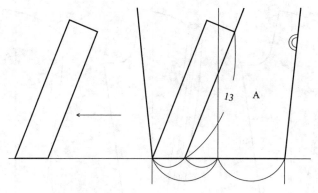

图 3-61 　（单位：cm）

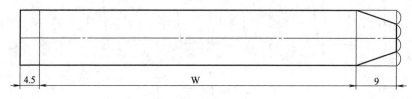

图 3-62 　（单位：cm）

### （三）制图要领与说明

**1. 前裤片在原臀围基础上另加放的原因**

当款式要求多裥时，由于前腰围大加裥量超过前臀围大时，就需要增加前臀围大，以满足腰部收裥的需要，因此，实际臀围大会超过制图规格所设的臀围大。

**2. 后缝斜度宽松型直于适身型的原因**

臀部宽松，意味着夸张了人体的臀部，这时合体不再是第一要求，其臀围的增大并不是臀围丰满程度的增加，相反，由于宽松的造型，使它对后缝斜度的要求反而趋直，趋直的程度与臀围的放松量成正比。

## 七、体形裤

### （一）制图依据

**1. 款式分析**

款式特征：贴体紧身。裤腰为连腰型直腰。前片拼接育克，前侧袋的袋型为条插袋，前中装门里襟和拉链，侧缝处拼接条，膝盖下方拼异色料。后片拼接育克。窄脚口，踏脚裤。侧缝拼条、育克、膝下拼布缉明线（图 3-63）。

适用面料：各种弹性面料。

图 3-63

2. 测量要点

（1）裤长的测定　自体侧髋骨处向上 3cm，顺直向下量至外踝骨处。

（2）腰围的测定及放松量　从髋骨处向上 3cm 围量一周，此裤属紧身造型，且应用弹性面料，因此腰围放松量为 -2～0cm。

（3）臀围的放松量　此裤属紧身造型，且应用弹性面料，因此臀围的放松量为 0。

（4）上裆长的测定　此款为紧身型，上裆长度应适当减短。

3. 制图规格（表 3-9）

表 3-9　制图规格　　　　　　　　　　　　　　单位：cm

| 号型 | 部位 | 裤长 | 腰围 | 臀围 | 上裆 | 脚口 |
| --- | --- | --- | --- | --- | --- | --- |
| 160/68A | 规格 | 97 | 68 | 90 | 26 | 13 |

**（二）前后裤片、侧缝拼条、膝下拼布、踏脚布结构制图**

前后裤片、侧缝拼条、膝下拼布、踏脚布结构制图见图 3-64。

**（三）制图要领与说明**

此裤属紧身造型，且应用弹性面料，因此各部位规格几乎接近净体尺寸，有时甚至加负值，制图时，前后裆缝劈势、侧缝弧度都可以适当加大。

图 3-64 中，左侧的直条与前后片阴影部分侧缝做拼接的效果一致，因此实

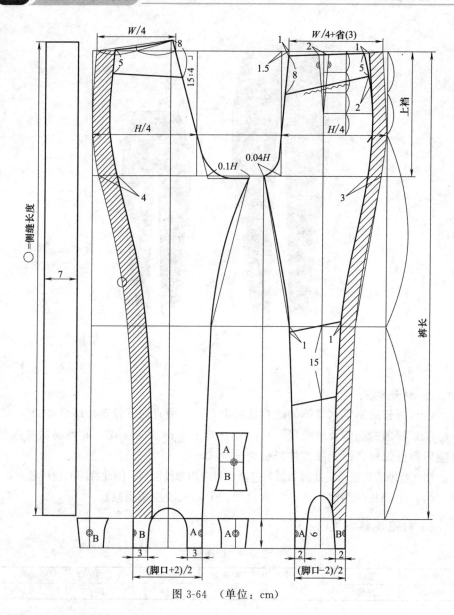

图 3-64 （单位：cm）

际制作中可以替代阴影部分。

# 八、短裤（女）

## （一）制图依据

### 1. 款式分析

款式特征：宽松造型。裤腰为装腰型低腰。前片腰口收阴裥左右各 1 个，前侧袋的袋型为月亮袋，袋口抽碎褶，前中装门里襟和拉链。后片腰口收阴裥左右各 1 个，灯笼脚口（图 3-65）。

适用面料：各种中厚型面料。

图 3-65

2. 测量要点

（1）裤长的测定　自体侧髋骨处开始，顺直向下量至膝上，根据款式或习惯爱好自行调节。

（2）腰围的测定及放松量　从髋骨处围量一周，放松量为 1～2cm。

（3）臀围的放松量　此裤属宽松造型，放松量为 10cm。

（4）上裆长的测定　此款低腰短裤，上裆长度应适当减短。

3. 制图规格（表 3-10）

表 3-10　制图规格　　　　　　　　　　　单位：cm

| 号型 | 部位 | 裤长 | 腰围 | 臀围 | 上裆 | 脚口 | 腰宽 |
| --- | --- | --- | --- | --- | --- | --- | --- |
| 160/68A | 规格 | 42 | 76 | 100 | 25 | 25 | 6 |

（二）结构制图

（1）前后片结构图见图 3-66。

（2）前片展开图见图 3-67。

（3）裤腰结构图见图 3-68。

（4）后片展开图见图 3-69。

（三）制图要领与说明

短裤的后裆缝低落数值大于长裤的原因：一般情况下，长裤后裆缝低落数值

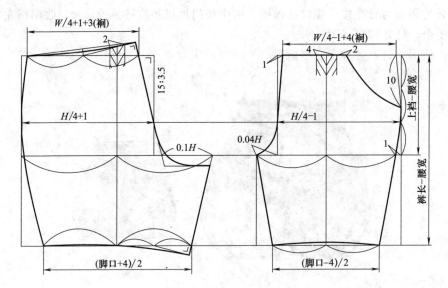

图 3-66 （单位：cm）

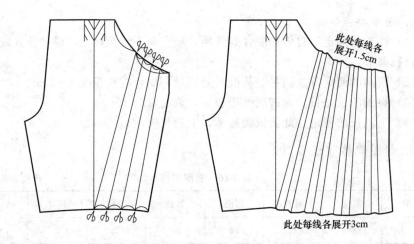

图 3-67

图 3-68 （单位：cm）

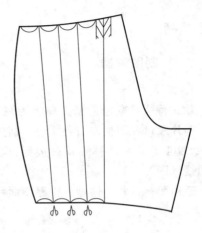

此处每线各展开3cm

图 3-69

基本上在 1cm 左右，短裤则可在 1.5～3cm 的范围内波动。其原因是，首先在短裤的后裤脚口上取一条横线，可以看到，横向线与下裆缝线的夹角大于 90°（图 3-70），这主要是后下裆缝有一定的斜度所致，而前下裆缝斜度较小，因此前脚口线上横向线与前下裆缝线的夹角接近 90°。一旦前、后下裆缝缝合后，下裆缝处的脚口会出现凹角。现在将后脚口上的横向线处理成弧形，使其与后下裆缝夹角保持 90°，就能使前后脚口横向线顺直连接，但修正后的后下裆缝长于前下裆缝，因此增大后裆缝低落数值。由此可知，后裆缝低落数值与后下裆缝的斜度成正比，而后下裆缝的斜度与裤长和脚口的大小有关。

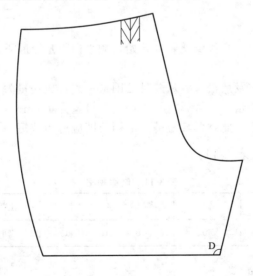

图 3-70

## 九、裙裤

### (一) 制图依据

**1. 款式分析**

款式特征：宽松造型。裤腰为装腰型低腰，左右两片腰，且裤腰上有分割线。前片腰口收阴裥左右各1个，前中装门里襟和拉链。后片腰口收阴裥左右各1个。喇叭形脚口。裤腰及拼接部位、阴裥上端、门襟、脚口、裤带祥（4根）缉明线（图3-71）。

适用面料：各种薄型、中厚型面料。

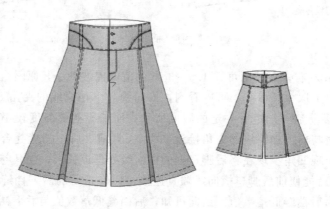

图 3-71

**2. 测量要点**

(1) 裤长的测定　自体侧髋骨处开始，顺直向下量至膝下，根据款式或习惯爱好自行调节。

(2) 腰围的测定及放松量　从髋骨处围量一周，放松量为1～2cm。

(3) 臀围的放松量　此裤属宽松造型，放松量为10cm。

(4) 上裆长的测　此款低腰短裤，上裆长度应适当减短。

**3. 制图规格（表3-11）**

表 3-11　制图规格　　　　　　　　　　　　　　　　　　单位：cm

| 号型 | 部位 | 裤长 | 腰围 | 臀围 | 上裆 | 腰宽 |
|------|------|------|------|------|------|------|
| 160/68A | 规格 | 60 | 76 | 100 | 26 | 8 |

### (二) 结构制图

(1) 前后片结构图见图3-72。

（2）前片展褶图见图 3-73。

（3）后片展褶图见图 3-74。

（4）裤腰结构图见图 3-75。

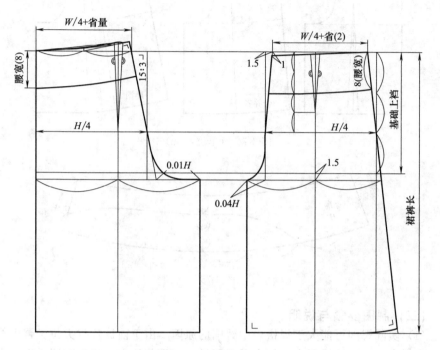

图 3-72 （单位：cm）

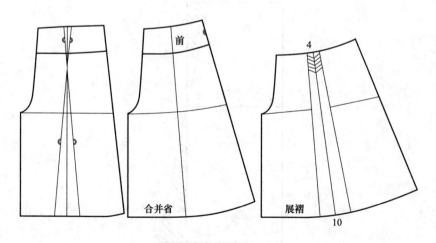

图 3-73 （单位：cm）

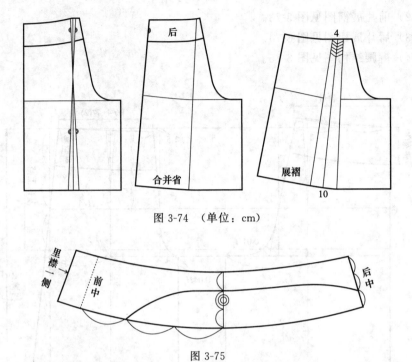

图 3-74 （单位：cm）

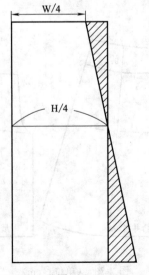

图 3-75

## （三）制图要领与说明

（1）实际臀围可能大于规格表中臀围的原因 由于前裤片省尖位于臀围线以上，在做合并省缝的过程中，加大了臀围量。如果前片省尖位于臀围线上，则实

图 3-76

际臀围与规格表中将保持一致。

（2）在做前后裤片展褶处理时，应保证前后裆缝一侧固定，分别向侧缝方向旋转，这样做可以防止下裆缝一侧脚口处褶量堆积过多。

（3）此裙裤属宽松造型，下裆缝处有一定的褶量，为了满足穿着效果，上裆做低落 1.5cm 处理。

（4）脚口的展开量的大小一般根据面料而定，但前后裤片基础结构图中，侧缝线的变化范围如图 3-76 所示。

# 第四章
# 衬衣结构制图

衬衣是指男女上体穿着的衣服。衬衣基本结构由前后衣片、衣袖、衣领等部件组合而成。男女衬衣款式变化也多从衣身、衣袖、衣领的样式变化而变化。随着流行趋势发展，衬衫的样式变化繁多。

## 第一节　男衬衣结构制图

男衬衫部位造型变化如下。

1. 领型的种类（图 4-1）

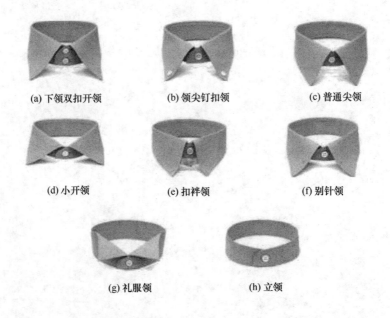

(a) 下领双扣开领　　　　(b) 领尖钉扣领　　　　(c) 普通尖领

(d) 小开领　　　　(e) 扣袢领　　　　(f) 别针领

(g) 礼服领　　　　(h) 立领

图 4-1

## 2. 袖口的款式变化（图 4-2）

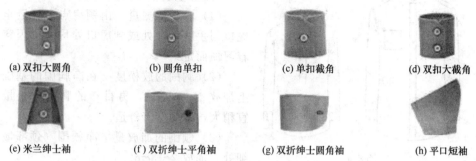

(a) 双扣大圆角　　(b) 圆角单扣　　(c) 单扣截角　　(d) 双扣大截角

(e) 米兰绅士袖　　(f) 双折绅士平角袖　　(g) 双折绅士圆角袖　　(h) 平口短袖

图 4-2

## 3. 后身的款式变化（图 4-3）

(a) 工型褶　　　　(b) 两侧褶　　　　(c) 无褶

图 4-3

## 4. 胸袋的款式变化（图 4-4）

(a) 经典型　　　　　　(b) 钻石型

图 4-4

# 一、男士长袖衬衣

## 1. 款式外形概述

这是一款普通男衬衫，领型是由领面和领座构成的领结构，肩部有育克（过肩或称覆势），前襟明搭门有六粒纽扣，左胸一贴袋，后身有过肩线固定的与前门襟对应的明褶。袖头为圆角，连接剑型明袖衩。衬衫应用范围很广，从礼服到便装都可搭配使用。根据不同场合的礼节要求所要改变的部位是领型、前胸和袖头等（图 4-5）。

图 4-5

2. 测量要点

（1）衣长的测量　由颈肩点向下量至虎口与手腕 1/3 处或到虎口处均可（因穿着习惯而定）。

（2）胸围的放松度　在净胸围的基础上加放 15～25cm，男衬衫的胸围放松量宜稍大，以便穿着舒适。

（3）领围的加放量　净领围（颈部最细处）加放 2～3cm。

（4）袖长的测量　肩点量至腕下 1cm。

### 3. 制图规格

制图规格见表 4-1。

表 4-1　制图规格　　　　　　　　　　　　　单位：cm

| 号型 | 部位 | 衣长 | 胸围 | 领围 | 肩宽 | 袖长 | 前腰节 |
|------|------|------|------|------|------|------|--------|
| 170/88A | 规格 | 71 | 110 | 39 | 46 | 59.5 | 42.5 |

### 4. 男衬衫各部位结构线名称（图 4-6，图 4-7）

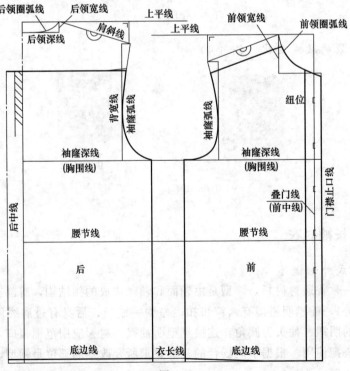

图 4-6

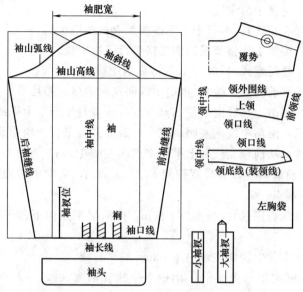

图 4-7　袖子结构线名称

## 5. 男衬衫制图

（1）前衣片框架图（图 4-8）

① 前中线（叠门线）：先画出基础直线。

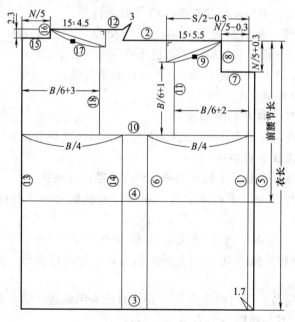

图 4-8

② 上平线：垂直于前中线。

③ 下平线（衣长线）：平行于上平线按照衣长规格绘制。

④ 腰节线：按照 1/4 腰节或制图规格平行于上平线。

⑤ 止口线（叠门宽线）：向右 1.7cm 做前中线的平行线。

⑥ 侧缝直线（前胸围大线）：由前中线向左画 $B/4$，并且平行于前中线。

⑦ 前领深线：由上平线向下量 $N/5+0.3$cm 并且平行于上平线。

⑧ 前领宽线：由前中线向左画 $N/5-0.3$cm 并且平行于前中线。

⑨ 前肩斜线：从前领宽线和上平线交点向左画 15cm，再垂直向下画 5.5cm（15∶5.5）确定前肩斜度，前肩宽按照 $S/2-0.7$cm，由前中线向左画，在肩斜线上定点为前肩端点。

⑩ 袖窿深线（胸围线）：按 $B/6+1$cm，由前肩端点向下做平行于上平线的平行线。

⑪ 胸宽线：由前中线向左画 $B/6+2$cm 的平行线。

（2）后衣片框架图（图 4-8）　图中上平线、袖窿深线、腰节线、衣长线均由前衣片延伸。

⑫ 后片上平线：向上 3cm 平行于前上平线的直线。

⑬ 后中线：垂直相交于后上平线和衣长线。

⑭ 侧缝直线（后胸围大）：由后中线向右画 $B/4$，并且平行于后中线。

⑮ 后领深线：由后上平线向下量 2.3cm，并且平行于上平线。

⑯ 后领宽线：由后中线向右画 $N/5$ 并且平行于后中线。

⑰ 后肩斜线：从后领宽线和后上平线交点向右画 15cm，再垂直向下画 4.5cm（15∶4.5）确定后肩斜度，取前小肩等长于后小肩。

⑱ 背宽线：由后中线向右画 $B/6+3$cm 的平行线。

（3）前后衣片结构图（图 4-9）

① 前领口弧线如图 4-10 所示。

② 袖窿深线向下开深 1cm。（此为可变量，可根据季节和流行变化）

③ 前袖窿弧线如图 4-10

④ 前下摆线：侧缝处上翘 0.7cm，和前门襟止口画顺。

⑤ 画前复势部分，平行于肩线，在领口和袖窿处画平行线。间距一般在 2.5~3cm。

⑥ 画胸袋：绘制一个正方形，边长为 0.05B+6cm，袋口高出胸围线 3cm，袋侧距离胸宽线 0.03B。（袋的形状可以根据流行变化，如圆角或尖底等形状）

⑦ 前门襟纽位：前门襟为总宽 3.4cm 的反折明贴边，第一粒纽扣距离第二粒纽扣为 6cm，其他纽距均为 9cm。

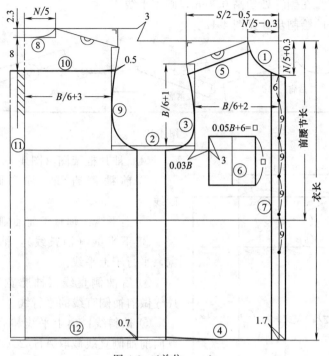

图 4-9 （单位：cm）

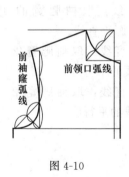

图 4-10

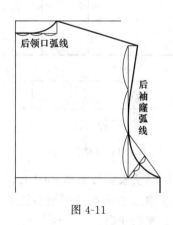

图 4-11

⑧ 后领口弧线（图 4-11）。

⑨ 后袖窿弧线如图 4-11。

⑩ 覆势：自后领中向下 8cm，画水平线，在袖窿处向上收 0.5cm，画顺，使肩部缝合后服帖有立体感。

⑪ 后裥（暗裥）：由后中线画出平行线，宽度为半个裥量加上折叠量为 4cm。采量可根据流行来定。

⑫ 下摆：在侧缝处抬高 0.7cm，画水平线。

⑬ 覆势的绘制步骤见图 4-12。

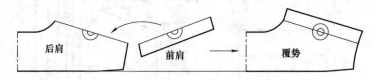

图 4-12

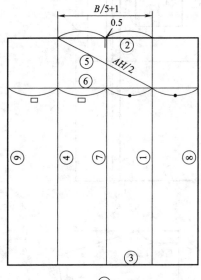

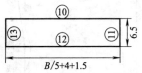

图 4-13　（单位：cm）

（4）袖片框架图（图 4-13）

① 前袖侧直线：首先画出竖向基础线。

② 上平线：垂直于前袖侧直线。

③ 下平线（袖长线）：袖长减去袖头宽，平行于上平线。

④ 后袖侧直线（袖肥宽）：取 $B/5+1cm$ 做前袖侧直线的平行线。

⑤ 袖斜线：由上平线和后袖侧直线交点向前袖侧直线截取 $AH/2$（$AH$ 为前后袖窿弧线总长）。

⑥ 袖山高线：以袖斜线与前袖侧直线交点画水平直线，平行于上平线。

⑦ 袖中线：取袖肥宽的 1/2 前移 0.5cm，向下画垂直线。

⑧ 前袖直线：取袖肥宽/2 − 0.5cm，做前袖侧直线的平行线。

⑨ 后袖直线：取袖肥宽/2 − 0.5cm，做后袖侧直线的平行线。

⑩ 袖头长：按 $B/5+4+1.5cm$，做基础线。

⑪ 取 6.5cm 垂直于袖头长线。

⑫ 平行于⑩。

⑬ 平行于⑪。

（5）袖片结构图（图 4-14）

① 绘制袖山弧线：在袖山斜线与前袖侧直线交点向下 0.7~1cm 做出袖山弧线的转折点，在袖山斜线与后袖侧直线交点处做袖山弧线的转折点，按照图示做等分线取点画顺袖山弧线。

② 前袖缝线：从袖山高线至前袖口大点做斜线。

③ 后袖缝线：从袖山高线至后袖口大点做斜线。

④ 袖衩位：从下平线和后袖缝线交点向右量取 $(B/5+4)/4$，向上垂直量取 13cm。

⑤ 褶位：褶位分别为 2cm，共三个褶。

⑥ 袖头：袖头按照尺寸绘制，并且做袖头圆角。

⑦ 按照图示绘制袖衩。

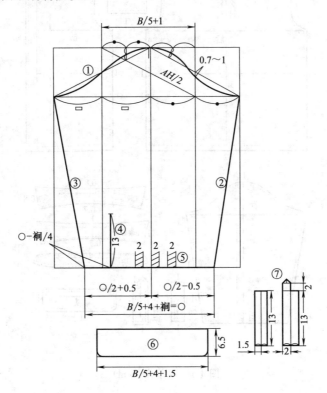

图 4-14 （单位：cm）

（6）领片制图见图 4-15。

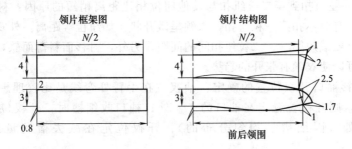

图 4-15 （单位：cm）

（7）男衬衫放缝示意图见图 4-16

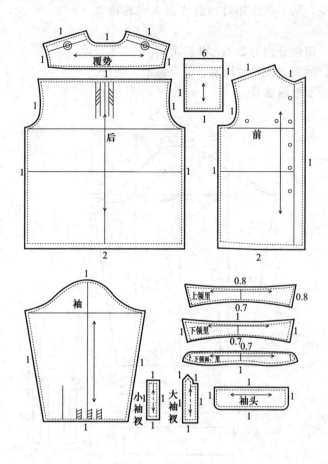

图 4-16 （单位：cm）

（8）男衬衫排料示意图 （图 4-17）

（9）制图要领与说明

① 第一粒纽扣到第二粒纽扣与其他纽位相比距离稍短的原因：衬衫在做外衣穿着时，有时不扣第一粒纽扣，衣领呈敞开状，如纽位等距离，外观显得敞口太大，所以要减短第一、二粒纽扣间的间距。另外，衬衫面料薄而软，衣领硬而挺，这样可以使衣领有张开的趋势。

② 衬衫袖口开衩位置的确定：袖衩位在手臂外弯线是比较理想的。如袖口不收裥，则开衩位置定在袖口的 1/4 处；袖口收细裥时，开衩位置也在袖口的 1/4 处（因细裥是均匀分布的）；开衩位定在减去裥裥量后的袖口1/4处。

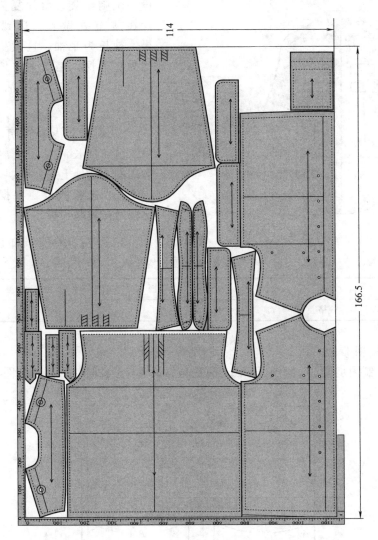

图 4-17　（单位：cm）

规格：衣长 71cm　胸围 110cm　袖长 59.5cm

门幅：114cm

用料：2×衣长＋25cm＝166cm

## 二、男半袖休闲衬衣

### 1. 款式外形概述

此衬衫领型为尖型立翻领，前门襟为翻门襟，7 粒单排纽扣，前片左右各

图 4-18

设一个胸贴袋，后片复势，前后片在腰节处做省，达到收腰效果。袖长为半袖，且做折边。底摆为圆下摆。是夏季常见的休闲款式，显得帅气有活力（图4-18）。

**2. 测量要点和说明**

（1）袖长测量 从肩点量至肘部的1/2处上下。

（2）衣长测量 根据款式可比普通衬衫略长些。

**3. 制图规格**（表4-2）

**表 4-2 制图规格**

单位：cm

| 号型 | 部位 | 衣长 | 胸围 | 领围 | 肩宽 | 袖长 | 前腰节 |
|------|------|------|------|------|------|------|--------|
| 170/88A | 规格 | 71 | 110 | 39 | 46 | 24 | 42.5 |

**4. 制图步骤**

（1）制图步骤一 绘制框架图，方法与男长袖衬衫相同（图4-19和图4-20）。

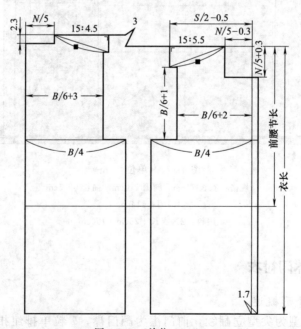

图 4-19 （单位：cm）

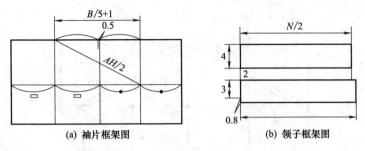

图 4-20　（单位：cm）

（2）制图步骤二　绘制结构：衣片见图 4-21、复势见图 4-22、口袋见图 4-23、衣袖见图 4-24、衣领见图 4-25。

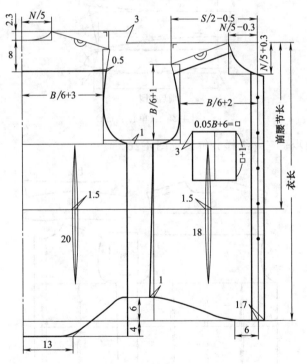

图 4-21　（单位：cm）

图 4-22

图 4-23

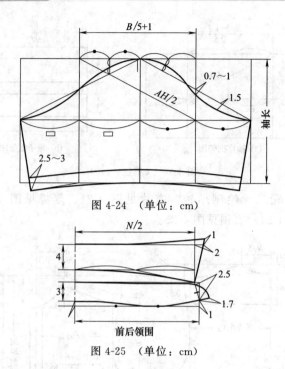

图 4-24 （单位：cm）

图 4-25 （单位：cm）

（3）制图步骤三　纸样分解图见图 4-26。

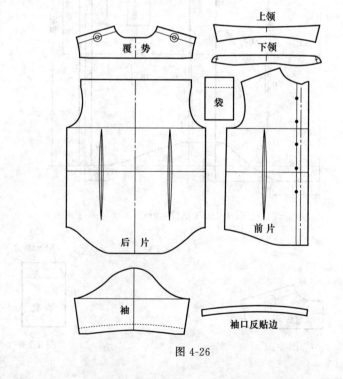

图 4-26

5. 裁片放缝示意图（图 4-27）

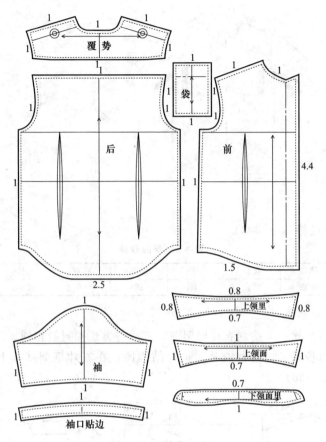

图 4-27 （单位：cm）

6. 制图要点说明

短袖造型，有时袖口是直线形，有时又呈弧线形，其原因是与袖肥宽和袖口线的夹角有关。夹角大于90°，越容易使袖缝线处的袖口产生凹角，将袖口线处理成弧线，可较好地弥补缝合后所成的凹角。袖口越大，袖缝线的斜度越小，可将袖口线处理成直线形，而在袖缝线处略带弧形，以保证袖口线于袖缝线成直角。由此可见，为使袖缝线和袖口线成直角，采取两种不同方法，即改变袖口线的形状或改变袖底线的形状，其效果是殊途同归。

## 三、翻驳领暗门襟休闲半袖

1. 款式外形概述

领型为方形翻驳领。前中暗门襟，单排扣，前肩做分割线和肩祥设计。前胸两个大贴袋。直下摆，后中覆势有褶。在袖和贴袋处做异色拼色（图4-28）。

图 4-28

### 2. 制图规格（表4-3）

表 4-3　制图规格　　　　　　　　　　单位：cm

| 号型 | 部位 | 衣长 | 胸围 | 领围 | 肩宽 | 袖长 | 前腰节 |
|---|---|---|---|---|---|---|---|
| 170/88A | 规格 | 71 | 110 | 39 | 46 | 22 | 42.5 |

### 3. 制图步骤

（1）制图步骤一　绘制衣片框架图，方法与男长袖衬衫相同。

（2）制图步骤二　绘制衣片、袖片结构图：在衣片框架基础上绘制结构线（图4-29和图4-30）。

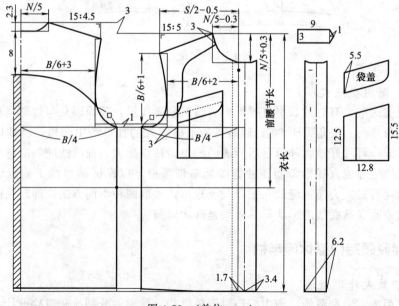

图 4-29　（单位：cm）

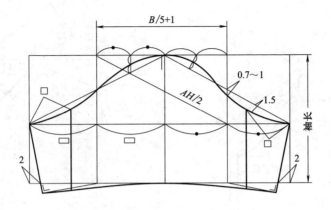

图 4-30 （单位：cm）

①后肩和前肩开剪数值属于设计量，可根据对款式图的理解给出。②门襟部分只有第一粒开扣眼，其他扣子均在底襟，底襟成品宽度比门襟要稍小一点，使缝制完成后不外露。③袖子腋下拼色部分在袖弧线上的采量要和前后袖窿的采量呼应，使缝制后对接整齐。

（3）制图步骤三　领子的框架图，设领脚高为 $h_0$，翻领高为 $h$（图 4-31）。

① 画出标准领口圆：由颈肩点（上平线和肩斜线交点）向右量取 $0.8h_0$ 取点做为领口圆上一点。以上平线和前中线为圆心，以领口宽减 $0.8h_0$ 为半径画圆。

② 画驳口线：通过前中线（叠门线）与领圈弧线的交点（即驳口点）与标准领口圆做切线。

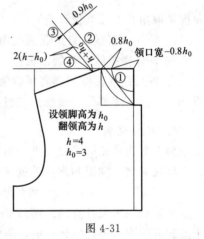

图 4-31

③ 画领驳平线：按 $0.9h_0$ 做驳口线的平行线，交于肩线。

④ 画衣领松斜度定位线：从驳平线和肩斜线交点处截取 $h+h_0$ 再垂直做线段 $2\times(h-h_0)$，如图 4-31 做连接。

（4）制图步骤四　领子的结构图见 4-32、图 4-33。

① 后领圈弧长：在领底线上取后领圈弧长。

② 领底弧线：与领圈弧线连接并画顺领底弧线。

③ 领宽线（后领中线）：取领脚高 $h_0$ 加上翻领高 $h$ 的宽度向领底弧线长做垂线。

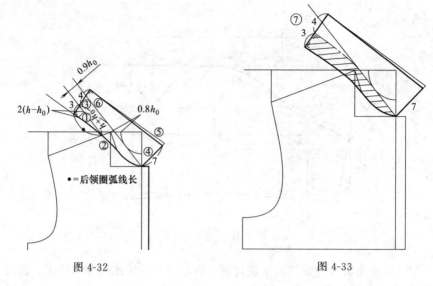

图 4-32                                    图 4-33

④ 前领脚线：与前领深线呈一定角度，取角长 7cm（设计量）。

⑤ 领外围直线：自后领宽线做垂线与前领脚线延长线相交。

⑥ 领外围弧线：与领角长连接画顺领外围弧线。

⑦ 领脚高线：按领脚高在后领宽线上取点，与前颈点画顺（虚线部分）。阴影部分就是领座部分，虚线为翻折线（图 4-33）。

4. 制图说明

男上衣胸背差的确定（图 4-34）：胸背差在制图中有很重要的作用，处理不当会出现弊病。胸围和胸背差量有关系，可以用如下公式计算：

$$胸背差 = 0 \leqslant B/10 - 8 \leqslant 3$$

如果胸围很大计算结果超过 3cm 时一律作 3cm 处理。使用上述公式时，对于挺胸或驼背体等特殊体形的，胸背差可在上述基础上酌情加减。

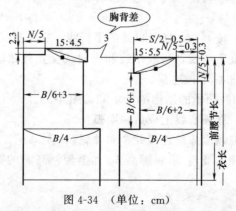

图 4-34 （单位：cm）

## 第二节　女衬衣结构制图

### 一、荷叶边门襟长袖衬衣

**1. 款式及外形概述**

女衬衣领型为包边圆领。前中开襟，单排扣，钉 6 粒纽扣，前片收肩胸省，前后腰节处做收腰处理。袖型为独片式长袖，袖口收细褶，装袖头，袖头上钉纽扣 1 粒（图 4-35）。

图 4-35

**2. 制图规格（表 4-4）**

表 4-4　制图规格　　　　　　　　　　　　　单位：cm

| 号型 | 部位 | 衣长 | 胸围 | 领围 | 肩宽 | 袖长 | 前腰节 | 胸高 |
|------|------|------|------|------|------|------|--------|------|
| 160/84A | 规格 | 64 | 96 | 36 | 40 | 56 | 40 | 24 |

**3. 制图步骤**

（1）制图步骤一　框架图见图 4-36。

前片：

① 前中线（叠门线）。

② 上平线：垂直于前中线。

③ 下平线（衣长线）：按衣长平行于上平线。

④ 腰节线：按制图规格或 1/4 号（1/4 的身高）。

⑤ 止口线（叠门宽线）：向右画 2cm 平行线于前中线。

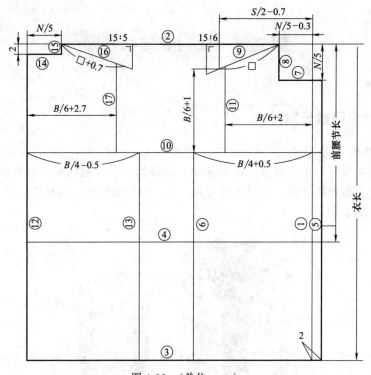

图 4-36 （单位：cm）

⑥ 侧缝直线（前胸围大）：自前中线向左画 $B/4 + 0.5$cm 并且平行于前中线。

⑦ 前领深线：按 $N/5$ 由上平线向下量，做上平线的平行线。

⑧ 前领宽线：按 $N/5 - 0.3$cm，由前中线向左画，做前中线的平行线。

⑨ 肩斜线、前肩宽：按 15：6 的比值确定前肩斜度，前肩宽按 $S/2 - 0.7$cm，由前中线向左画，在肩斜线上定点。

⑩ 袖窿深线（胸围线）：按 $B/6 + 1$，由前肩端点向下量，平行于上平线。

⑪ 胸宽线：按 $B/6 + 2$cm，由前中线向左量，平行于前中线。

后片：上平线、袖窿深线、腰节线、衣长线均由前衣片延伸。

⑫ 后中线：垂直相交于上平线和衣长线。

⑬ 侧缝直线（后胸围大）：平行于后中线，向右画 $B/4 - 0.5$cm。

⑭ 后领深线：平行于上平线，向下量 2cm。

⑮ 后领宽线：平行于后中线，向右量 $N/5$。

⑯ 肩斜线：按 15：5 的比值确定后肩斜度，后小肩取前小肩 $+0.7$cm。

⑰ 后背宽线：由后中线向右量 $B/6 + 2.7$cm 平行于后中线。

（2）制图步骤二　衣片结构图见图 4-37。

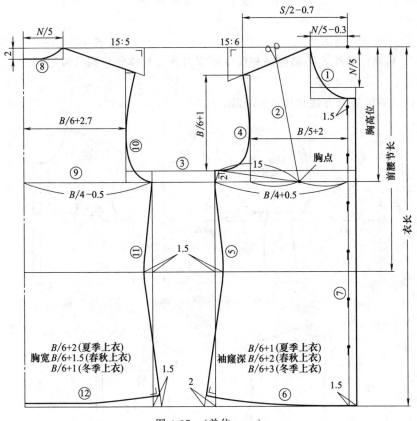

图 4-37 （单位：cm）

① 前领圈弧线：由前领深线向下 1.5～2cm 开深前领深度，然后画顺领弧线。

② 前胸省的绘制方法：是把做好的腋下省转移到由肩部向胸点连接的剪切线上，从而形成肩胸省。步骤见图 4-38、图 4-39。A. 胸高点定位 取 24cm，由上平线量下，并且平行于上平线，在线上取胸宽的 1/2 定点，即胸点（胸高点）。B. 肩胸省位 在前小肩任何地方定点都可以，根据款式图位置则定在前小肩1/2处。连接胸点（胸高点）。确定肩胸省位置。C. 做胸省 连接胸点和腋下点，在此线上自胸点向右量取 15：2 （图 4-37），形成胸省。

③ 袖窿深线（胸围线）移位，获得新的袖窿深线。

④ 袖窿弧线作图同男衬衣。

⑤ 侧缝弧线：收腰 1.5cm，在下平线上，侧缝直线偏出 2cm，然后按照图连接各点画顺。

⑥ 底边弧线：在下平线上，取下摆大的 1/2 点向侧缝做垂线，按各连接点画顺。

⑦ 纽位：上纽，在前中心线上，前领深线下 1.5～2cm 处；下纽，根据款式图。

⑧、⑨ 如图 4-37。

⑩ 后袖窿弧线：后袖窿深和前袖窿深对齐。具体做法同男装衬衫。

⑪、⑫ 如图 4-37。

前胸省的转移方法见图 4-38 和图 4-39。

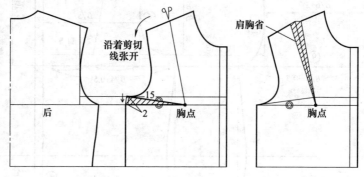

图 4-38　（单位：cm）

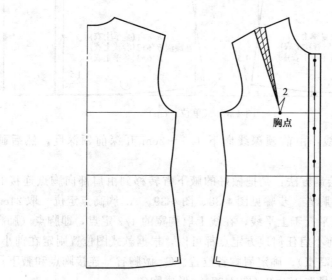

图 4-39　（单位：cm）

(3) 制图步骤三　袖片制图。

袖片框架同男衬衣（图 4-40）。框架图请参考男衬衣（图 4-13）。

袖片结构图见图 4-41。

① 袖口大：按袖头长加抽褶量（一般为 6～8cm）或抽取总袖肥的 3/4（袖口弧线为前袖口略内凹，后袖口略外凸）。

②、③、④ 的作图方法同男装衬衣。

⑤ 袖衩位：在后袖口处的 1/2 处定位，袖衩长 6cm。

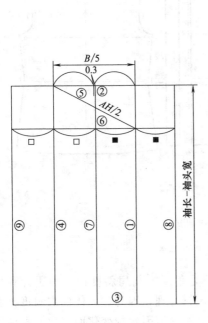

图 4-40 （单位：cm）

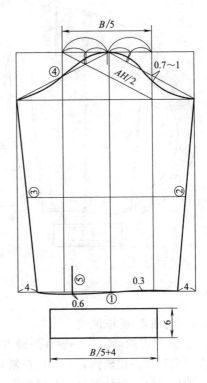

图 4-41 （单位：cm）

## 4. 纸样分解图 （图 4-42）

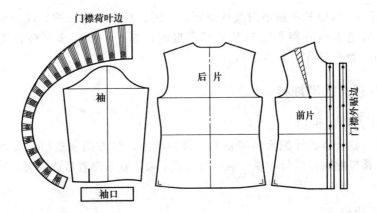

图 4-42

5. 放缝示意图 （图 4-43）

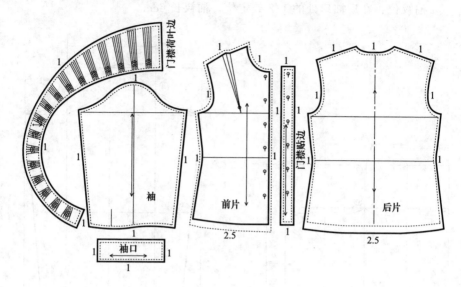

图 4-43 （单位：cm）

6. 制图要领与说明

① 肩斜度的确定：一般有两种方法，一是角度控制肩斜度；二是用计算公式控制肩斜度。比较而言，角度控制肩斜度比较合理，因为，人体的肩斜度具有一定的稳定性，而计算公式会因胸围、肩宽、领围等因素的变化而变化。角度控制肩斜度具有一定稳定性。由于实际操作用量角器不方便，将角度转换成两个直角边的比值来确定肩斜度，既保留了角度确定的合理性，又使制图方法得到简化。

② 后小肩线略长于前小肩线的原因：是通过后小肩略收缩，或后小肩加放肩省量。满足人体肩胛骨隆起及肩部平挺的需要。一般后小肩略长于前小肩 0.5～1cm （制作肩省一般为 1.5cm）。

## 二、荷叶领女式半袖衫

1. 款式外形概述

这是一款合体的针织面料半袖衫，领口较大，呈方圆领造型，前领口开 V 字开口，领口配以异色荷叶领，袖子为喇叭半袖，夏季穿着活泼清爽，温婉典雅（图 4-44）。

2. 测量要点

本款为紧身合体造型，所以在尺寸上基本以净体围度为准。

图 4-44

## 3. 制图规格 (表 4-5)

表 4-5 制图规格         单位：cm

| 号型 | 部位 | 衣长 | 胸围 | 领围 | 肩宽 | 袖长 | 前腰节 |
|------|------|------|------|------|------|------|--------|
| 160/84A | 规格 | 56 | 88 | 36 | 38 | 22 | 39 |

## 4. 制图步骤

(1) 制图步骤一 衣片结构图见图 4-45 和图 4-46。

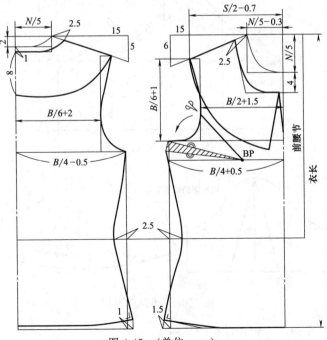

图 4-45 （单位：cm）

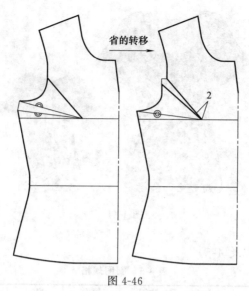

图 4-46

（2）制图步骤二　袖片结构图见图 4-47 和图 4-48。

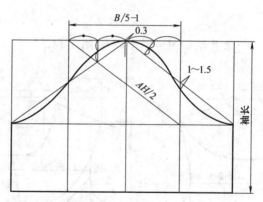

图 4-47　（单位：cm）

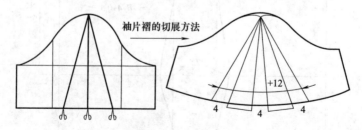

图 4-48　（单位：cm）

（3）制图步骤三　领片结构图见图 4-49。

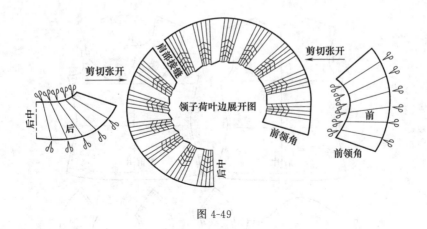

图 4-49

5. 纸样分解图（图 4-50）

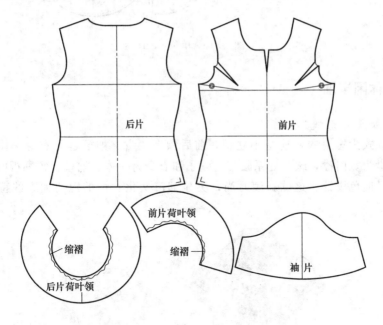

图 4-50

6. 裁片放缝示意图（图 4-51）

7. 制图说明

本款式采用有弹性的织物面料，在采寸上比较合体。领型和袖型都采用切展的方法进行施褶设计。

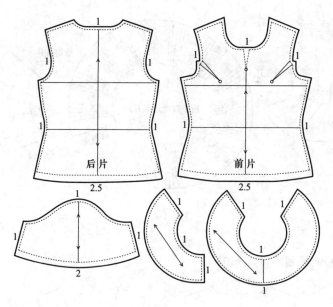

图 4-51 （单位：cm）

## 三、女休闲半袖

### 1. 款式外形概述

本款式为短上衣，连身小立领，前后领有领省。袖子也与衣身一体，无肩缝，门襟为宽门襟，腰节处系腰带，领子和衣身为一体。袖口、领翻折面和腰带与衣身呈撞色设计。这款新潮时尚，突显都市文化女性的婉约大方的特点（图4-52）。

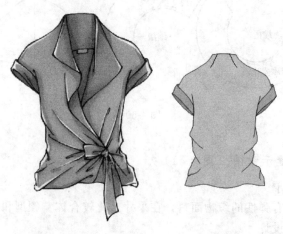

图 4-52

## 2. 制图规格（表 4-6）

**表 4-6 制图规格**　　　　　　　　　　　　　　　单位：cm

| 号型 | 部位 | 衣长 | 胸围 | 领围 | 肩宽 | 袖长 | 前腰节 | 胸高 |
|------|------|------|------|------|------|------|--------|------|
| 160/84A | 规格 | 56 | 92 | 36 | 38 | 11 | 39 | 24 |

## 3. 制图步骤

（1）制图步骤一　衣片结构图见图 4-53 和图 4-54。

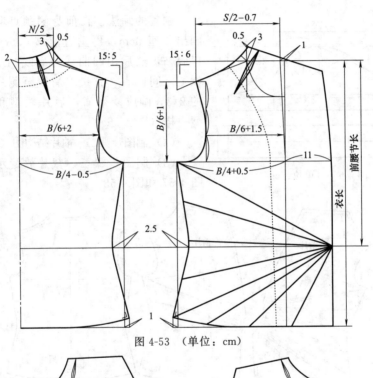

图 4-53 （单位：cm）

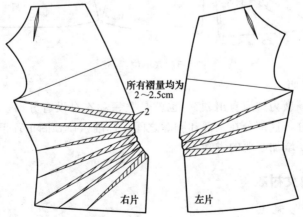

图 4-54

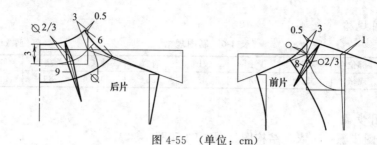

图 4-55 （单位：cm）

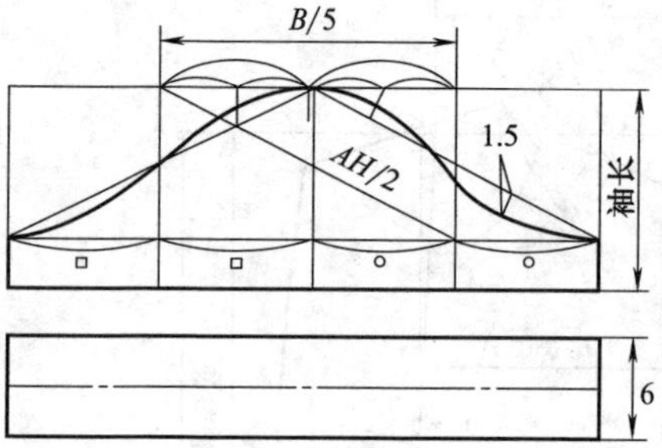

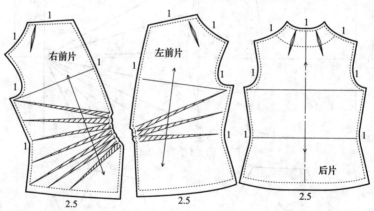

图 4-56 （单位：cm）

领省的画法：在前身侧颈点向上垂直画出领座 3cm，再垂直前移 0.5cm，使领口服帖，然后用凹曲线与肩线画顺。在前领宽之间做省，省量取肩线至侧颈点距离的 2/3，画成菱形省，后片领型和前片领型一样（图 4-55）。

（2）制图步骤二　袖片结构图（图 4-56）。

（3）制图步骤三　裁片放缝示意图见图 4-57 和图 4-58。

图 4-57 （单位：cm）

4. 制图说明

这款上衣领型为"原身出领"，也就是立领和衣身没有分离，就是在标准领口上伸出一部分，这部分在颈部和胸廓之间，标准领口颈圈正置于原身出领的凹陷处，所以需要增加必要的省缝。

## 四、泡泡半袖女衬衣

### 1. 款式外形概述

此款是半连身立领，门襟为对襟并缝制拉链，袖型为泡泡袖，前身左右为两条纵向分割线，后身有中缝及腰背省缝，造型合体，穿着体现出职业女性的成熟知性（图 4-59）。

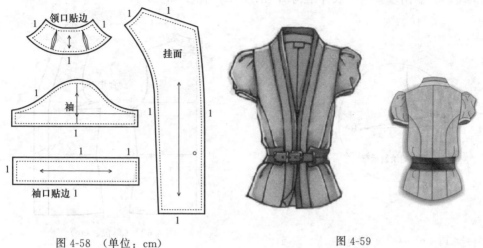

图 4-58 （单位：cm）　　　　　　　　　图 4-59

## 2. 制图规格（表 4-7）

表 4-7　制图规格　　　　　　　　　　　　　　　　单位：cm

| 号型 | 部位 | 衣长 | 胸围 | 领围 | 肩宽 | 袖长 | 前腰节 | 胸高 |
|------|------|------|------|------|------|------|--------|------|
| 160/84A | 规格 | 60 | 92 | 36 | 38 | 15 | 39 | 24 |

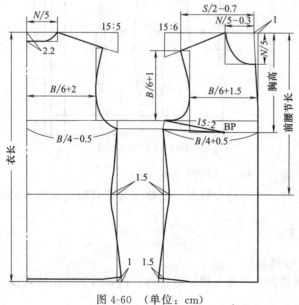

图 4-60 （单位：cm）

3. 制图步骤

（1）制图步骤一　衣片结构图见图 4-60～图 4-63。

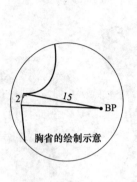

图 4-61　（单位：cm）

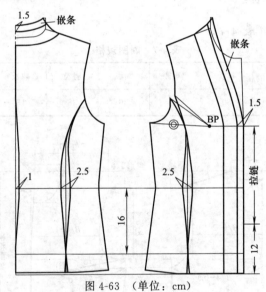

图 4-62　（单位：cm）

图 4-63　（单位：cm）

（2）制图步骤二　袖片结构图见图 4-64。

（3）制图步骤三　纸样分解图（放缝示意图省略）见图 4-65。

## 五、无领女衬衣

1. 款式外形概述

此款是无领结构，肩部有拼接做排褶，前短后长，结构宽松，适合休闲时光穿着（图 4-66）。

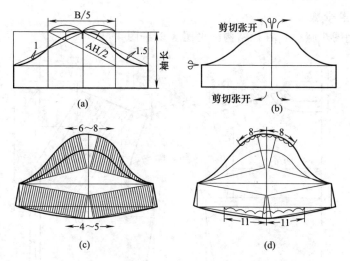

图 4-64  （单位：cm）

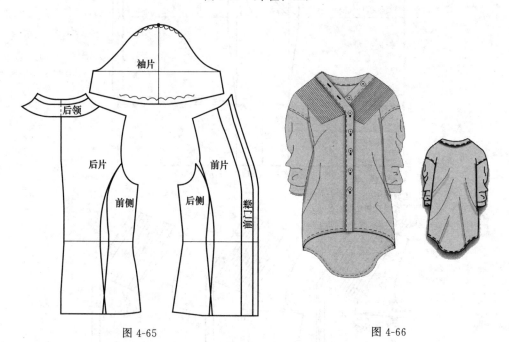

图 4-65                        图 4-66

## 2. 制图规格（表 4-8）

表 4-8  制图规格

单位：cm

| 号型 | 部位 | 衣长 | 胸围 | 领围 | 肩宽 | 袖长 | 前腰节 | 胸高 |
|------|------|------|------|------|------|------|--------|------|
| 160/84A | 规格 | 68 | 94 | 37 | 39 | 56 | 39 | 24 |

## 3. 制图步骤

（1）制图步骤一 衣片结构图见图 4-67～图 4-69

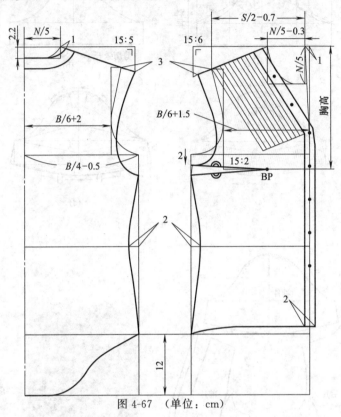

图 4-67 （单位：cm）

沿线剪至BP点，合并
腋下省展开剪切线。

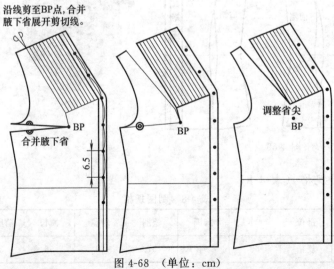

图 4-68 （单位：cm）

（2）制图步骤二 袖片结构图见图 4-70。

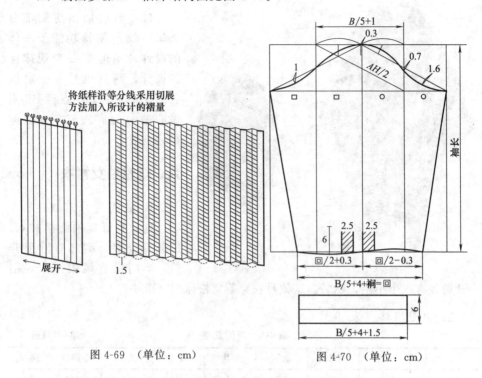

将纸样沿等分线采用切展
方法加入所设计的褶量

图 4-69 （单位：cm）

图 4-70 （单位：cm）

（3）制图步骤三 裁片图（放缝示意图省略）见图 4-71。

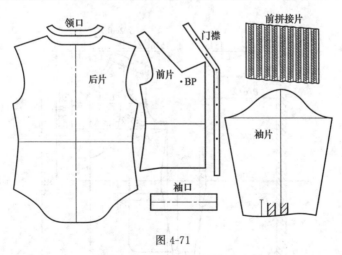

图 4-71

4. 制图要领与说明

（1）这款衬衣的肩部随着肩斜线延长 3cm（设计量），腋下也随之相应向下开深 2cm（设计量），使袖笼相对宽松。袖子因袖笼的放宽而宽松，使袖山高相

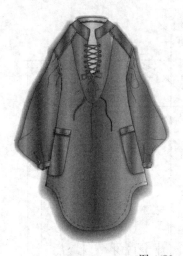

图 4-72

应变低。

（2）前肩加褶拼贴部分是集装饰与结构功能于一体的设计，不但是一个规律褶的设计，而且也是一个肩胸省的设计。从肩端点至BP点做的是一个肩胸省，省缝即是分割线。

## 六、灯笼袖女衬衣

### 1. 款式及外形概述

这款为灯笼袖圆摆衬衣，肩部有复势，胸部有圆形开剪，半门襟有风眼系带，前中开剪处有三个小褶，贴袋。这款衬衣穿着宽松休闲（图4-72）。

### 2. 制图规格（表4-9）

表 4-9  制图规格    单位：cm

| 号型 | 部位 | 衣长 | 胸围 | 领围 | 肩宽 | 袖长 | 前腰节 | 胸高 |
|------|------|------|------|------|------|------|--------|------|
| 160/84A | 规格 | 70 | 96 | 36 | 39 | 55 | 40 | 24 |

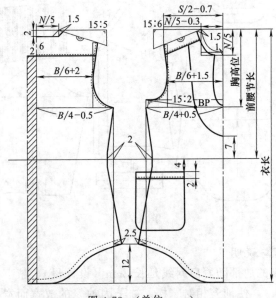

图 4-73 （单位：cm）

## 3. 制图步骤

（1）制图步骤一　衣片结构图见图4-73、图4-74。

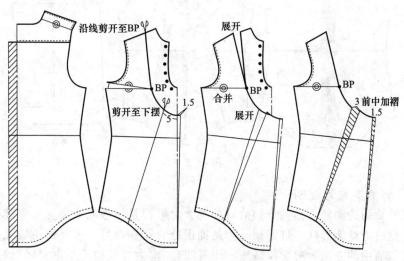

图4-74 （单位：cm）

（2）制图步骤二　袖片结构图见图4-75。

（3）制图步骤三　领片结构图见图4-76。

（4）制图步骤四　纸样分解图（放缝示意图省略）见图4-77。

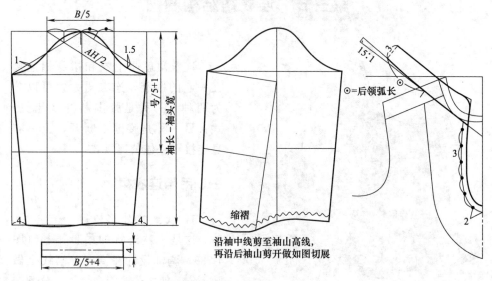

图4-75 （单位：cm）

图4-76 （单位：cm）

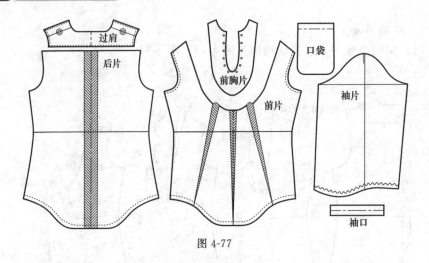

过肩

后片

前胸片

前片

口袋

袖片

袖口

图 4-77

**4. 制图要领与说明**

灯笼袖的造型特点是袖身的袖口处宽大，但都是用橡筋或袖克夫将其收紧，使其造型成为灯笼形状。灯笼袖一种是袖山处有褶裥，另一种是袖山处无褶裥。裁剪灯笼袖用的方法为剪切拉展法（切展法）。本款灯笼袖造型主要体现在后袖口，收褶也是前袖少后袖多，使得前袖显得干净利落，后袖蓬松，造型饱满，也使得肘部运动时有足够的容量。

# 第三节 连衣裙结构制图

图 4-78

连衣裙就是上衣和裙身相连接在一起的服装，连衣裙大致可以分为两种：一种是腰围断开（开剪）式；另一种是腰围不断开，上下衣身连接于一体的连腰式。

## 一、吊带连衣裙

**1. 款式及外形概述**

这是一款连腰的吊带裙衫（图4-78），胸部设计在横向分割线上做腋下省，使之造型美观合体。分割线处有波形飞边。腰部收腰设计。下摆在臀部较宽松，并拼接波形下摆。整体造型活泼，张弛有度，穿着清晰凉爽。

2. 制图规格（表4-10）

**表 4-10　制图规格**　　　　　　　　单位：cm

| 号型 | 部位 | 衣长 | 胸围 | 领围 | 肩宽 | 袖长 | 前腰节 | 胸高 |
|------|------|------|------|------|------|------|--------|------|
| 160/84A | 规格 | 70 | 88 | 36 | 38 | 72 | 40 | 24 |

3. 制图步骤

（1）制图步骤一　衣片结构图见图4-79～图4-81。

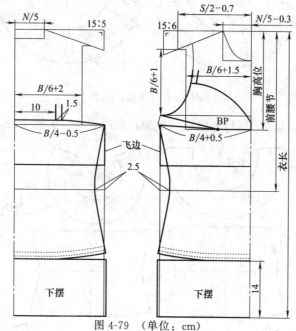

图 4-79　（单位：cm）

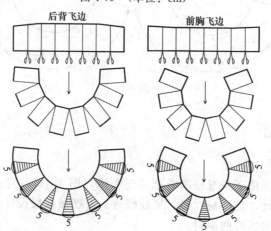

图 4-80　（单位：cm）

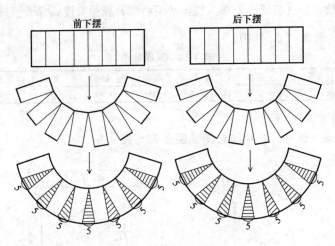

图 4-81 （单位：cm）

（2）制图步骤二 纸样分解图（放缝示意图省略）见图 4-82。

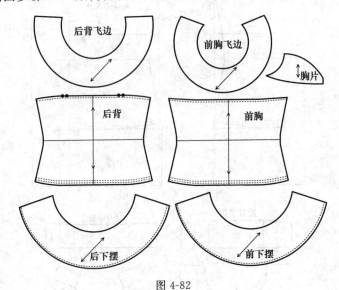

图 4-82

## 二、V 领连衣裙

### 1. 款式及外形概述

这款是上身合体下身宽松的断腰式连衣裙（图 4-83），肩部较窄，V 领，领口开剪做加褶设计，前后身收腰，加放腰省。下摆做双层设计，腰口做缩褶。适合采用有弹力的垂感好的面料。

图 4-83

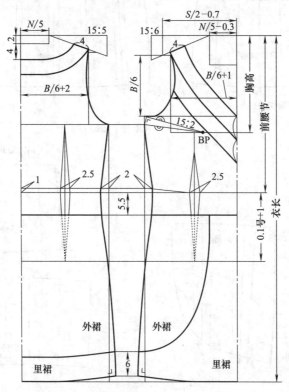

图 4-84　（单位：cm）

## 2. 制图规格（表 4-11）

表 4-11    制图规格                                            单位：cm

| 号型 | 部位 | 衣长 | 胸围 | 领围 | 肩宽 | 腰围 | 前腰节 | 胸高 |
|------|------|------|------|------|------|------|--------|------|
| 160/84A | 规格 | 86 | 92 | 36 | 39 | 74 | 39 | 24 |

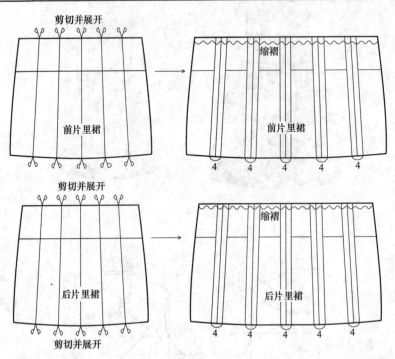

图 4-85    （单位：cm）

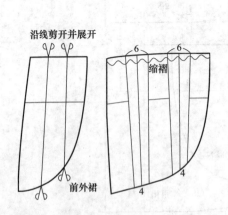

图 4-86    （单位：cm）

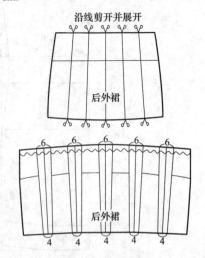

图 4-87    （单位：cm）

3. 制图步骤

（1）制图步骤一　裙片结构图见图 4-84。

（2）制图步骤二　前后片里裙加褶设计见图 4-85。

（3）制图步骤三　前后片外裙加褶设计见图 4-86 和图 4-87。

（4）制图步骤四　前衣片结构制图步骤见图 4-88。

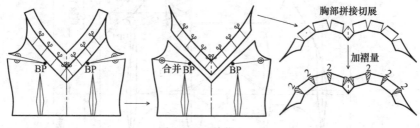

图 4-88　（单位：cm）

## 三、无袖多片连衣裙

1. **款式及外形概述**

本款式连衣裙无领无袖，低胸（图 4-89）。主要采用纵向分割，臀部横向分割线以上较为合体，臀围以下较为宽松，下摆处分割线处夹缝扇形拼布，使得下摆活泼宽松。整体造型为 X 形。总体在穿着上突显女士美好身材。

图 4-89

2. **制图规格**（表 4-12）

表 4-12　制图规格　　　　　　　　单位：cm

| 号型 | 部位 | 衣长 | 胸围 | 领围 | 肩宽 | 腰围 | 前腰节 | 胸高 |
|---|---|---|---|---|---|---|---|---|
| 160/84A | 规格 | 86 | 92 | 36 | 39 | 74 | 39 | 24 |

3. **制图步骤**

（1）制图步骤一　裙片结构图见图 4-90。

（2）制图步骤二　腋下省的转移步骤见图 4-91。

（3）制图步骤三　纸样分解图（放缝示意图省略）见图 4-92。

## 四、组合连衣裙

1. **款式外形概述**

此款连衣裙是上衣下裙结构的组合（图 4-93），上衣部分前后领口开深较大，

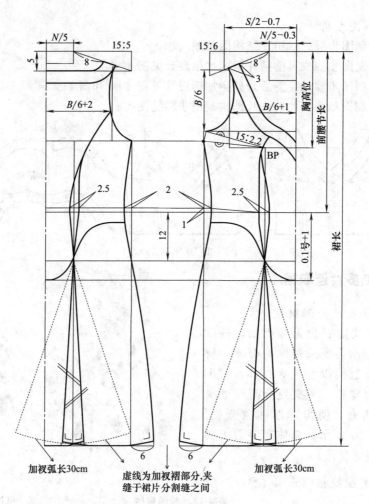

加衩弧长30cm

虚线为加衩褶部分,夹
缝于裙片分割缝之间

加衩弧长30cm

图 4-90 (单位:cm)

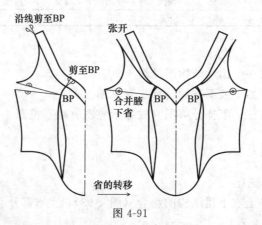

沿线剪至BP

张开

剪至BP

BP

合并腋
下省

BP    BP

省的转移

图 4-91

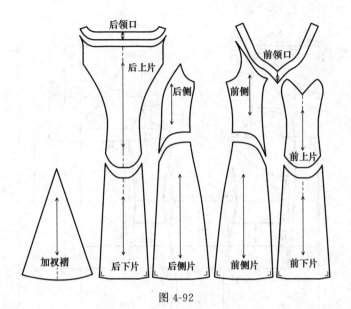

图 4-92

领口有扁领结构设计，前后衣片做横向和纵向结构分割设计，下裙部分为直裙设计，前后分别设两个省。下摆为运动功能设有两个侧面开气。

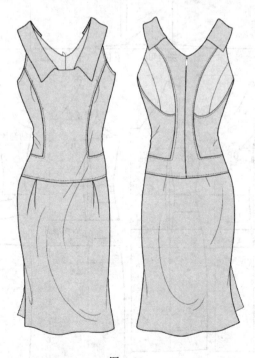

图 4-93

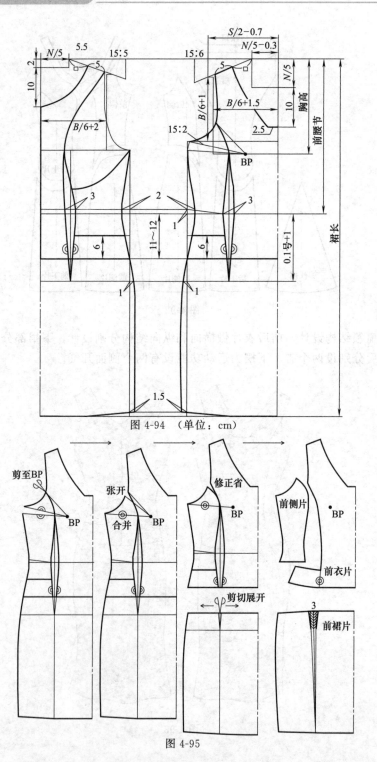

图 4-94 （单位：cm）

图 4-95

2. 制图规格（表 4-13）

**表 4-13 制图规格** 单位：cm

| 号型 | 部位 | 衣长 | 胸围 | 领围 | 肩宽 | 臂围 | 腰围 | 前腰节 | 胸高 |
|---|---|---|---|---|---|---|---|---|---|
| 160/84A | 规格 | 90 | 92 | 36 | 39 | 96 | 74 | 39 | 2 |

3. 制图步骤

（1）制图步骤一 裙片结构图见图 4-94。

（2）制图步骤二 纸样结构制作步骤见图 4-95。

（3）制图步骤三 领子纸样结构制作步骤见图 4-96。

（4）制图步骤四 纸样分解图见图 4-97。

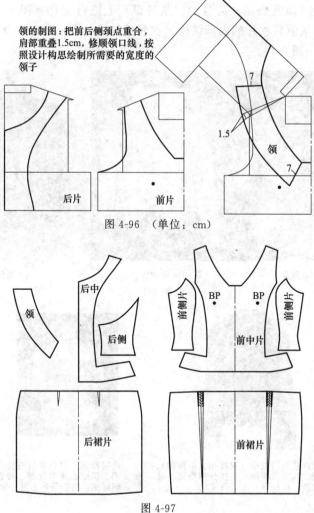

领的制图：把前后侧颈点重合，肩部重叠1.5cm，修顺领口线，按照设计构思绘制所需要的宽度的领子
7
1.5
领
7
后片
前片

图 4-96 （单位：cm）

后中
领
后侧
前侧片
BP
BP
前中片
前侧片
后裙片
前裙片

图 4-97

# 第五章
# 两用衫结构制图

　　两用衫又名春秋衫，属上衣的一个种类，一般指穿着在衬衣或羊毛衫外的上衣。

　　两用衫式样变化繁多，在保持基本结构（衣片、衣领、衣袖）的前提下，可以从整体造型（即宽松型、适身型、紧身型）上进行变化（图5-1），也可以从局部造型（即从前后衣片的内部结构、衣领的款式、衣袖的造型及附件）上进行变化（图5-2～图5-4）。

(a) 紧身型　　　　　　　　(b) 适身型　　　　　　　　(c) 宽松型

图 5-1

　　两用衫前片可以从叠门宽窄（双排扣、单排扣）、公主线、腰节分割、收省、褶裥、下摆分割拼贴、部件装饰（口袋、拉链、纽扣等）上进行变化　　　两用衫后片可以从后背缝分割、公主线、下摆分割、拼贴、腰节分割、收省、褶裥、部件装饰（蝴蝶结、纽扣等）上进行变化

图 5-2

(a) 趴领        (b) 侧偏领

(c) 无领      (d) 装饰领      (e) 翻驳领

图 5-3

(a) 圆袖      (b) 插肩袖      (c) 泡泡袖

图 5-4

　　两用衫和其他品种的服装一样，通常情况下，女装的式样造型和制图线条的特点是以弧形为主，尤其是外形轮廓的处理和衣缝分割的组合，充分反映了女性的温婉、优雅、飘逸舒展的阴柔之美；而男装的式样造型和制图线条的特点是采用直线或水平线为主，力求方正端庄、粗犷豪放，以充分反映男性坚毅、刚强的阳刚之美。

本章将分别介绍几款男、女两用衫的结构制图。

## 第一节　女两用衫结构制图

### 一、立领合体小外套

图 5-5

**（一）制图依据**

**1. 款式分析**

款式特征：领型为立领。前中开襟、无叠门，前中左右片装装饰性外翻贴边，前后片均设弧形分割线，后片左右各收腰背省 1 个，后设背缝。袖型为两片式泡泡袖（图 5-5）。

适用面料：呢绒类。如全毛、毛涤凡立丁等。

**2. 测量要点**

（1）衣长的测定　受款式因素的制约，衣长控制在腰围线与臀围线之间为宜，比一般上衣偏短。

（2）胸围的放松量　女两用衫的放松量应根据服装的整体造型而定，一般情况下，紧身型放松量 6～8cm；适身型放松量 10～12cm；宽松型放松量 14～18cm，此款服装因其造型属适身偏紧型，放松量为 10cm。

**3. 制图规格**

制图规格见表 5-1。

表 5-1　制图规格　　　　　　　　　　　单位：cm

| 号型 | 部位 | 衣长 | 胸围 | 肩宽 | 领围 | 袖长 | 前腰节长 | 胸高位 |
|---|---|---|---|---|---|---|---|---|
| 160/84A | 规格 | 50 | 94 | 40 | 38 | 56 | 40 | 24 |

## （二）女两用衫各部位线条名称

女两用衫各部位线条名称见图 5-6。

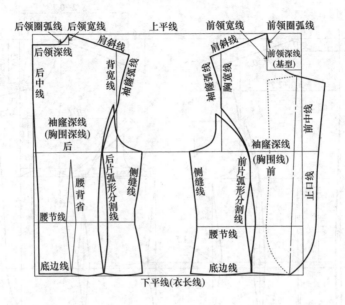

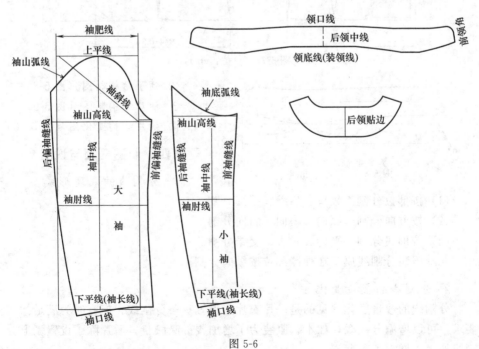

图 5-6

## （三）结构制图

### 1. 前后衣片结构图（图 5-7）

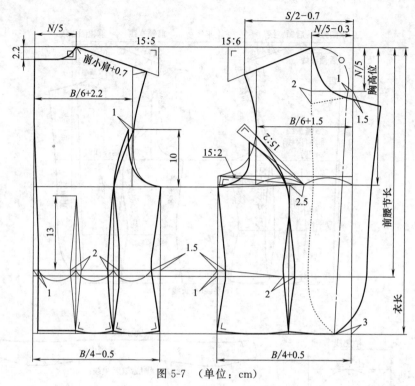

图 5-7　（单位：cm）

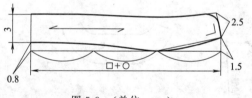

图 5-8　（单位：cm）

2. 领子结构制图（图 5-8）

3. 袖片结构制图（图 5-9）

4. 袖片结构变化图（图 5-10）

## （四）制图要领与说明

### 1. 分割线的表现形式

（1）按部位分割　领口、肩缝、袖窿分割。

（2）按方向分割　纵向、横向、斜向分割。

（3）按形式分割　平行、垂直、交错分割。

此款服装分割线属于在袖窿部位按纵向分割。

### 2. 分割线的数量变化

分割线的数量变化常见的是一片衣片上设置一条分割线，但有时为满足款式要求，可以增添分割线，如本款服装为了增加腰部吸腰量，后片除了设置弧形分割线外，还增设了腰背省。

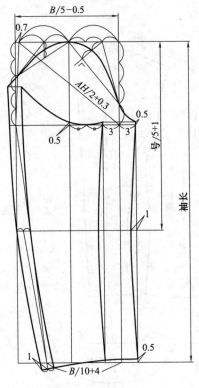

图 5-9　（单位：cm）

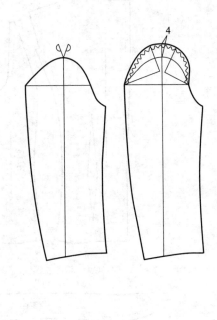

图 5-10　（单位：cm）

### 3. 分割线的功能

分割线具有两大功能，即实用功能与装饰功能。实用功能表现在将省缝融入分割线中，从而达到合体的效果；装饰功能是指分割线增强了服装的美感。一般来说，具有实用功能的分割线必然具有一定的装饰功能，这也是分割线被广泛应用的原因之一。反之则不然，具有装饰功能的分割线不一定具有实用功能，如男夹克衫上常用的平面分割，仅起到装饰作用，没有实用功能。

### (五) 放缝示意图

一般情况下，两用衫除衣片下摆折边、袖口折边处缝头放 4cm 外，其余部位均放 1cm（图 5-11）。

### (六) 排料示意图

排料示意图见图 5-12。

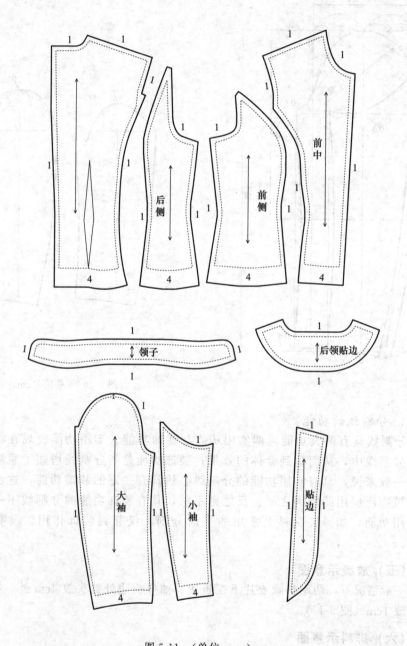

图 5-11 （单位：cm）

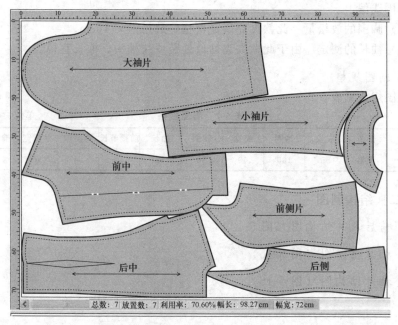

图 5-12

规格：衣长 50cm　胸围 94cm　　袖长 56cm

门幅：144cm（面料对折排料）

用料：衣长＋袖长＋3cm＝109cm（胸围以 106cm 为参照，每加减 3cm，用料约加减 3cm）

## 二、无领泡泡袖宽松夹克

### （一）制图依据

#### 1. 款式分析

款式特征：领型为无领。前中开襟，装拉链，前片左右各设 1 个胸腰省，肩部贴装饰布，胸腋处拼异色布，后片设横向分割线并设竖分割线左右各一，下摆装罗纹登闩。袖型为两片式泡泡袖，袖口装罗纹袖头，袖头上部处袖子设分割线（图 5-13）。

适用面料：水洗布类及薄型呢绒类等均可。

#### 2. 测量要点

（1）衣长的测定　受款式因素的制约，此款衣长控

图 5-13

制在臀围线偏上。

（2）胸围的放松量　此款夹克属宽松型，放松量为16cm。

（3）袖长的测定　由于此款夹克袖口处装罗纹袖头，袖长宜稍长。

### 3.制图规格

制图规格见表5-2

**表5-2　制图规格**　　　　　　　　　　　　　单位：cm

| 号型 | 部位 | 衣长 | 胸围 | 肩宽 | 领围 | 袖长 | 前腰节长 | 胸高位 | 登闩宽 | 袖克夫宽 |
|---|---|---|---|---|---|---|---|---|---|---|
| 160/84A | 规格 | 55 | 100 | 40 | 38 | 58 | 40 | 24 | 6 | 6 |

## （二）结构制图

### 1.前后衣片结构图（图5-14）

### 2.袖片框架图（图5-15）

### 3.袖片结构图（图5-16）

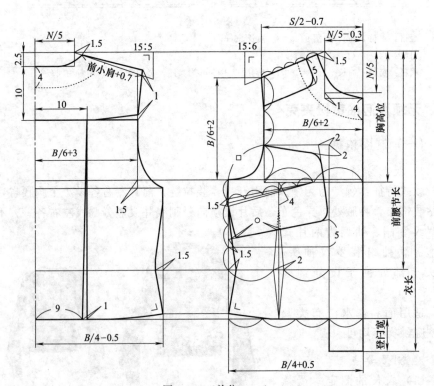

图 5-14　（单位：cm）

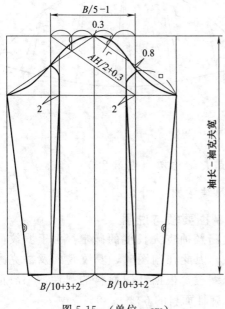

图 5-15 （单位：cm）

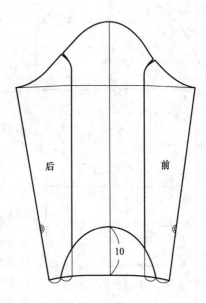

图 5-16 （单位：cm）

**4. 大小袖片结构图**（图 5-17、图 5-18）

**5. 袖口拼片图**（图 5-19）

图 5-17 （单位：cm）

图 5-18

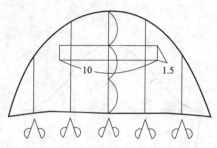
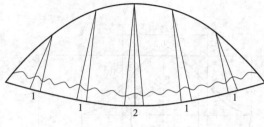

图 5-19 （单位：cm）

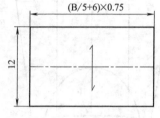

图 5-20 （单位：cm）

6. 袖克夫结构图 （图 5-20）

7. 登闩结构图 （图 5-21）

### （三）制图要领与说明

罗纹登闩及袖克夫长度的确定：由于罗纹面料弹性较大，因此在制图时，罗纹登闩及袖克夫长度要适当缩短，根据针织面料的弹性，一般情况下为无织弹性面料的 $60\%\sim80\%$。

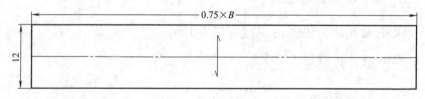

图 5-21 （单位：cm）

## 三、立领偏襟夹克

### （一）制图依据

#### 1. 款式分析

款式特征：领型为立领。前片左侧开襟，左右各设 1 条弧形分割线，肩部设分割线，左肩处贴装饰布，左前片设分割线，左右各设带盖口袋一个。后片开中缝，左右各设一条弧形分割线，腰节处装装饰袢。袖型为圆装两片袖，袖口上方装袖袢（图 5-22）。

图 5-22

适用面料：水洗布类及薄型呢绒类等均可。

**2. 测量要点**

(1) 衣长的测定　受款式因素的制约，此款衣长控制在臀围线左右。

(2) 胸围的放松量　此款两用衫属适身型，放松量为12cm。

**3. 制图规格**

制图规格见表5-3。

表5-3　制图规格　　　　　　　　　　　　　单位：cm

| 号型 | 部位 | 衣长 | 胸围 | 肩宽 | 领围 | 袖长 | 前腰节长 | 胸高位 |
|------|------|------|------|------|------|------|----------|--------|
| 160/84A | 规格 | 60 | 96 | 40 | 38 | 56 | 40 | 24 |

**(二) 结构制图**

**1. 前后衣片结构图**（图5-23）

**2. 前衣片结构分割线及贴布图**（图5-24）

**3. 袖子结构图**（图5-25）

**4. 领子结构图**（图5-26，图5-27）

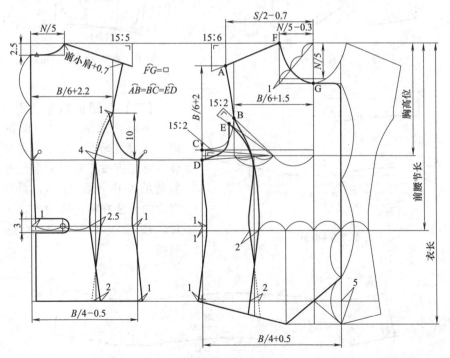

图5-23　（单位：cm）

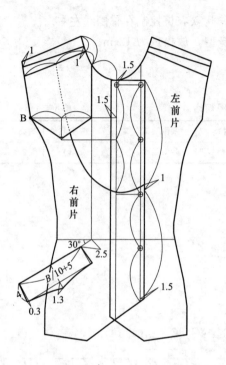

图 5-24 （单位：cm）

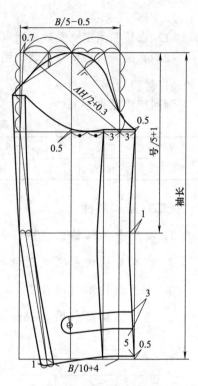

图 5-25 （单位：cm）

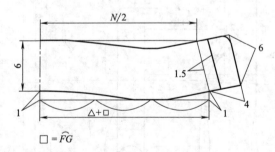

□ = $\overparen{FG}$

图 5-26 （单位：cm）

## （三）制图要领与说明

不对称服装结构制图的处理：一般情况下，对于不对称服装，首先应按照对称服装绘制出服装的左片（或右片），再利用对称的方法在同一图中作出另一片，最后按实际结构线进行制图。

图 5-27

## 四、针织两件套

### (一) 制图依据

#### 1. 款式分析

款式特征：此款两用衫为两件套，另配类似围巾领一个。其中：里面一件为立领长袖，前片开襟，装拉链，左右各设竖向分割线1条；后片左右各设竖向割线1条；腰节处装抽带；袖型为一片式圆装袖，上下均做拼色处理。外面为短袖无领小开衫，前片左右各设腋下省1个（图5-28）。

图 5-28

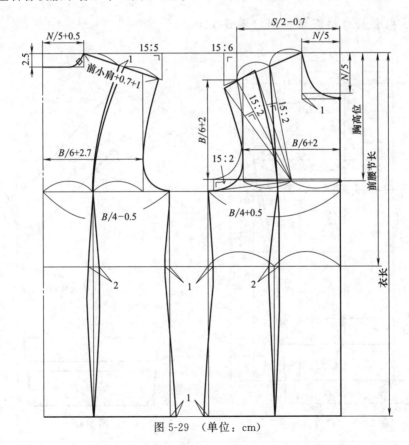

图 5-29 （单位：cm）

适用面料：中厚型弹性面料或针织面料。

2. 测量要点

胸围的放松量：因款式因素，加放松量为12～16cm。

3. 制图规格

制图规格见表5-4。

表 5-4　制图规格　　　　　　　单位：cm

| 号型 | 部位 | 衣长 | 胸围 | 肩宽 | 领围 | 袖长 | 前腰节长 | 胸高位 |
|------|------|------|------|------|------|------|----------|--------|
| 160/84A | 规格 | 68 | 98 | 38 | 41 | 58 | 40 | 24 |

## （二）结构制图

1. 内套前后衣片结构图（图 5-29）

2. 内套袖子结构图（图 5-30）

3. 内套领子结构图（图 5-31）

4. 内套袖口拼布结构图（图 5-32）

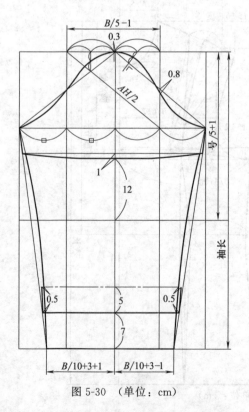

图 5-30　（单位：cm）

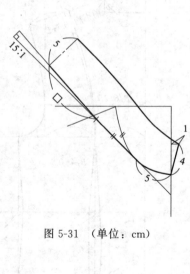

图 5-31　（单位：cm）

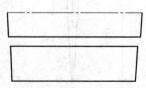

图 5-32

5. 小衫前后衣片结构图（图 5-33）

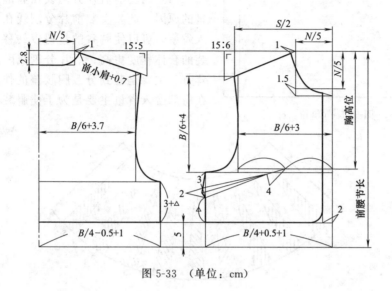

图 5-33 （单位：cm）

6. 小衫前袖片结构图 （图 5-34）

7. 围巾领结构图 （图 5-35）

8. 围巾领完成图 （图 5-36）

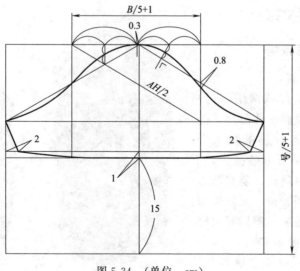

图 5-34 （单位：cm）

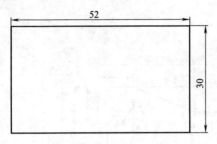

图 5-35 （单位：cm）

### （三）制图要领与说明

（1）**内套前后片分割线在肩部融入省量的原因** 此款女装前片分割线在肩部融入省量，可以使胸省的量得以转移，使服装的合体程度更高；后片分割线融入的腰背省，主要是起到分散胸腰差的作用，而在肩部融入省量主要是为了使服装肩更加合体。

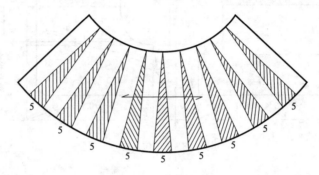

图 5-36 （单位：cm）

（2）由于小开衫里面配有内套，所以，小开衫在制图时，肩部适当加宽，应用公式（S/2），同时袖窿开深量也要比内套大；但由于是开衫，不用系纽扣，所以小开衫的胸围不用另外加放。

## 五、带帽圆摆夹克

### （一）制图依据

**1. 款式分析**

款式特征：此款两用衫为两件套。其中：里面一件前片开襟，装拉链，左右各设袋鼠袋1个；后片为整片；腰节处装抽带；下摆为圆摆，前短后长，装宽贴边；袖型为一片式圆装袖；无领带帽。外面为翻领小披肩，前后开中缝，前中装拉链。（图5-37）。

适用面料：中厚型棉布或针织面料。

图 5-37

### 2. 测量要点

胸围的放松量：因款式因素，加放松量为 12～16cm。

### 3. 制图规格

制图规格见表 5-5。

表 5-5　制图规格

单位：cm

| 号型 | 部位 | 衣长 | 胸围 | 领围 | 肩宽 | 袖长 | 前腰节长 | 胸高位 |
|---|---|---|---|---|---|---|---|---|
| 160/84A | 规格 | 70 | 104 | 39 | 42 | 56 | 40 | 24 |

## （二）结构制图

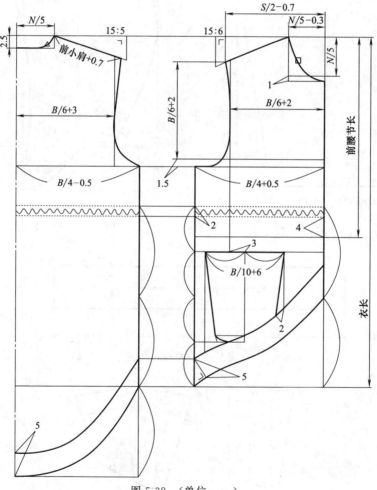

图 5-38　（单位：cm）

1. 内套前后衣片结构图（图 5-38）

2. 内套袖子结构图（图 5-39）

3. 内套帽子结构图（图 5-40，图 5-41）

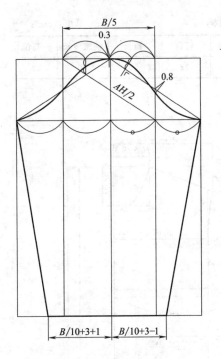

图 5-39 （单位：cm）

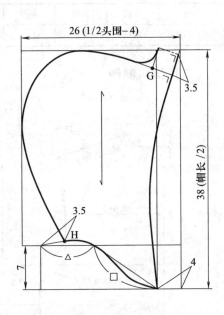

图 5-40 （单位：cm）

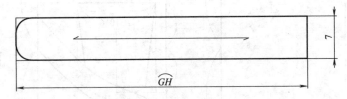

图 5-41 （单位：cm）

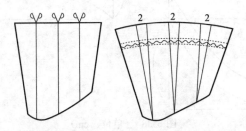

图 5-42 （单位：cm）

4．内套袖口袋布完成图（图 5-42）

5．披肩前后片结构图（图 5-43）

6．披肩领子结构图（图 5-44）

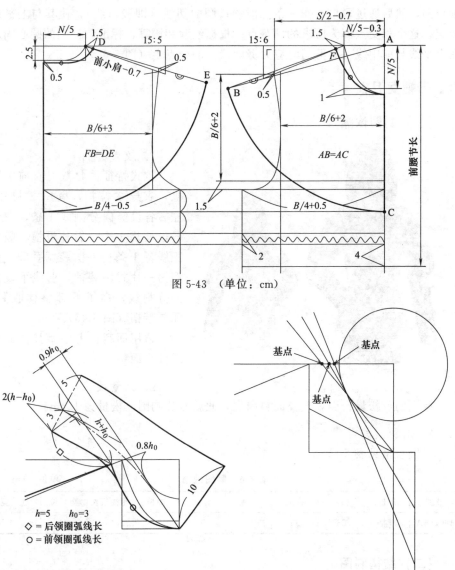

图 5-43 （单位：cm）

图 5-44 （单位：cm）                   图 5-45

### （三）制图要领与说明

（1）衣领依赖于前片领圈制图的合理性在于：①领底线与前领圈的转折点位

置清楚；②衣领的造型一目了然；③领底线前端的曲线与前领圈吻合；④领底线凹势的确定有依据。

（2）领驳线基点的确定　基点是指驳口线与上平线相交的点。基点的确定是衣领制图中的重要组成部分。确定的方法是在平面结构图中安放一个假想的标准领口圆，然后通过驳口点作一条标准领口圆的切线（即驳口线），使其与上平线相交，这个相交点即为所求的领基点。根据经验和测算，标准领口圆的圆心固定在上平线与前中线（有劈门时应为劈门线）的交点上（图5-45）。

## 六、带帽女卫衣

### （一）制图依据

图 5-46

**1. 款式分析**

款式特征：此款卫衣前中开襟，衣身3粒扣，登闩2粒扣，左右各设竖向分割线1条，左右各设插袋1个；后片设横、竖分割线各1条；下摆装宽登闩；袖型为一片式圆装袖，肘线下设横向分割线，袖子下部整体收紧；无领带帽（图5-46）。

适用面料：中厚型弹性面料或针织面料。

**2. 测量要点**

胸围的放松量：因款式及面料因素，此款服装胸围放松量为12cm。

**3. 制图规格**

制图规格见表5-6。

表 5-6　制图规格

单位：cm

| 号型 | 部位 | 衣长 | 胸围 | 领围 | 肩宽 | 袖长 | 前腰节长 | 胸高位 | 登闩宽 |
|---|---|---|---|---|---|---|---|---|---|
| 160/84A | 规格 | 66 | 96 | 38 | 40 | 58 | 40 | 24 | 10 |

### （二）结构制图

1. 前后衣片结构图（图5-47）

2. 袖子结构图（图5-48）

3. 帽子结构图（图5-49）

4. 帽条结构图（图 5-50）

5. 登闩结构图（图 5-51）

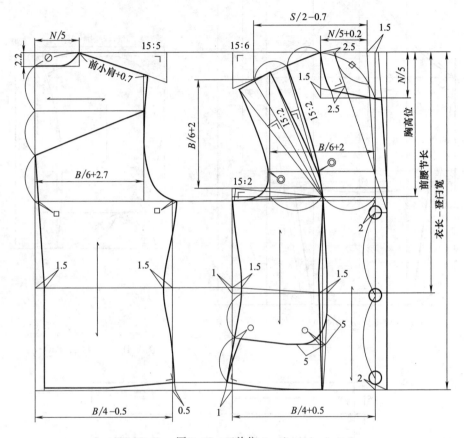

图 5-47　（单位：cm）

### （三）制图要领与说明

上装底边起翘的确定

上装的底边起翘是指上装侧缝处的底边线与下平线之间的距离，底边起翘的原因有两个。

（1）人体胸部挺起因素　因为人体胸部的挺起，使在胸部处竖直方向上的底边被一定程度地吊起，要使底边达到水平状态，应将下垂的底边（近侧缝处）去掉。去掉后的底边在平面上展开，就形成了前片的底边起翘。女性由于胸部挺起大于男性，在无胸省的情况下，女装的起翘要大于男装。

（2）侧缝偏斜度因素　底边起翘与侧缝偏斜度密切相关，在一定程度上影响着底边起翘量。侧缝偏斜度越大，起翘量越大，反之则越小。

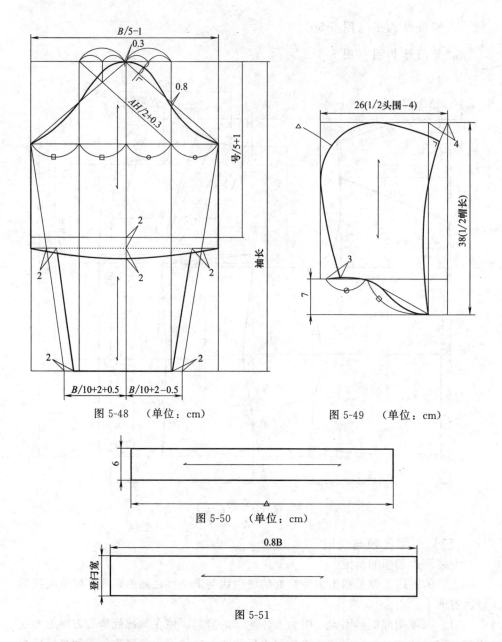

图 5-48　（单位：cm）

图 5-49　（单位：cm）

图 5-50　（单位：cm）

图 5-51

# 七、中长宽松女背心

## （一）制图依据

### 1. 款式分析

款式特征：此款两用衫属宽松造型，前中开襟，装拉链，拉链外装明门襟，左

图 5-52

右各设条形插袋 1 个，明线缉出口袋形状；前后片自胸部下端设横向分割线，装抽带，后中设阴裥；下摆装宽登闩；袖型为一片式圆装短袖；宽立领（图 5-52）。

适用面料：中厚型棉布或质感柔软的毛呢面料。

2. 测量要点

（1）胸围的放松量　此款服装属宽松造型，因此胸围放松量较大，为 12cm。

（2）袖长的测定　自肩端点处测至袖口。

3. 制图规格

制图规格见表 5-7。

表 5-7　制图规格

单位：cm

| 号型 | 部位 | 衣长 | 胸围 | 领围 | 肩宽 | 袖长 | 前腰节长 | 胸高位 |
|------|------|------|------|------|------|------|----------|--------|
| 160/84A | 规格 | 86 | 104 | 38 | 40 | 6 | 40 | 24 |

## （二）结构制图

1. 前后衣片结构图（图 5-53）

2. 袖子结构图（图 5-54）

3. 领子结构图（图 5-55）

## （三）制图要领与说明

（1）此款短袖属宽松型两用衫，一般情况下，里面要穿衬衣或薄衫，所以，袖窿的开深比一般两用衫要大，袖肥宽也比一般的两用衫大。

（2）口袋明线的设计　为了在视觉上看起来更美观，口袋明线的前、下、侧面要分别与衣片前中、下摆、侧缝线平行。

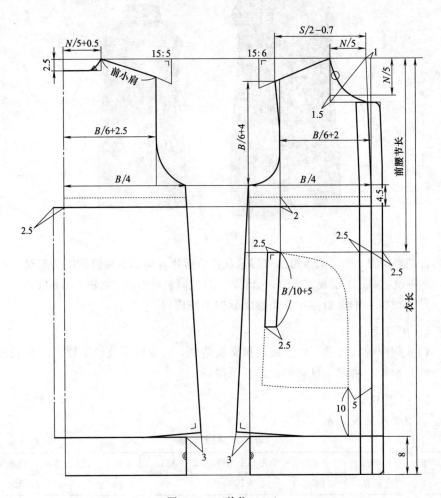

图 5-53　（单位：cm）

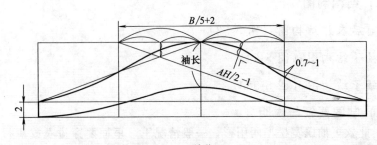

图 5-54　（单位：cm）

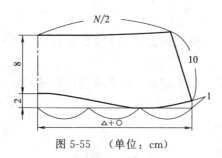

图 5-55　（单位：cm）

# 第二节　男两用衫结构制图

夹克意为短小的服装，式样一般比较轻盈活泼，适合在春秋季穿着，是男式两用衫的主要形式。本节将介绍几款男式夹克的结构制图。

## 一、立领夹克

### （一）制图依据

1. 款式分析

款式特征：此款两用衫前中开襟，装拉链，左右各设拉链口袋 1 个；后片设横向分割线；下摆装登闩；袖型为三片圆装袖，袖口装袖克夫；立领（图 5-56）。

图 5-56

适用面料：中厚型棉布或毛呢面料。

**2. 测量要点**

（1）衣长的测定　一般因款式及个人爱好而异。夹克衫短于一般上衣，此款衣长位于臀围线左右。

（2）胸围的放松量　胸围应比一般上衣的放松量大，一般为 22～35cm。

**3. 制图规格**

制图规格见表 5-8。

表 5-8　制图规格　　　　　　　　　　　　单位：cm

| 号型 | 部位 | 衣长 | 胸围 | 领围 | 肩宽 | 袖长 | 前腰节长 | 下摆 | 登闩宽 | 袖克夫宽 |
|------|------|------|------|------|------|------|----------|------|--------|----------|
| 170/88A | 规格 | 66 | 110 | 40 | 46 | 60 | 42.5 | 106 | 6 | 6 |

## （二）结构制图

**1. 前后衣片结构图（图 5-57）**

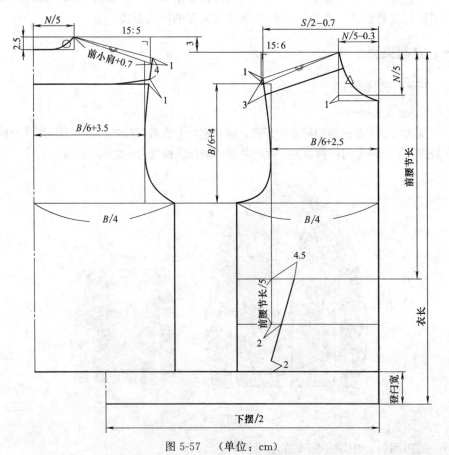

图 5-57　（单位：cm）

2. 袖子结构图（图 5-58）

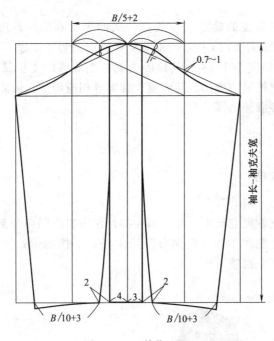

图 5-58　（单位：cm）

3. 领子结构图（图 5-59）

4. 袖克夫结构图（图 5-60）

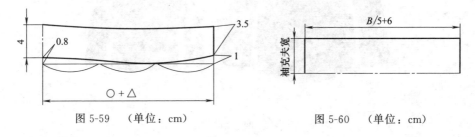

图 5-59　（单位：cm）　　　　　　图 5-60　（单位：cm）

**(三)　制图要领与说明**

（1）男上装胸背差的确定　胸背差在制图中有着很重要的作用，处理不当就会产生弊病。由于胸围与胸背差的变化相关，因此，它们之间的关系用下列公式表示。

胸背差：$0 \leqslant B/10-8 \leqslant 3$

例：此款为男夹克衫，胸围为 110cm，代入上式得：$110/10-8＝3cm$。

同时规定如果胸背差大于 3cm，一律作 3cm 处理，因此此款夹克衫胸背差应为 3cm。使用上述公式时，对于挺胸、驼背等特殊体型的胸背差可在上述基础上酌量加减。

（2）男上衣肩斜度的确定　一般合体式的男上衣的肩斜度为前肩斜度 22°（15∶6），后肩斜度 18°（15∶5），如果是宽松型的男上衣就必须调整为前肩斜度小于 22°，后肩斜度小于 18°。其原因为宽松型服装的宽松量应体现在整件服装中，由于胸围放松量的增加，使胸宽、背宽等相应增加，因此肩斜度也应增加放松量，以使整件服装协调美观。

## 二、翻领夹克

### （一）制图依据

**1. 款式分析**

款式特征：此款夹克前中开襟，四粒扣，左右各设竖向分割线 1 条、贴袋 1 个；后片设横向分割线 1 条、竖向分割线 1 条；下摆抽带；袖型为两式片圆装袖，袖口上装袖襟；翻领（图 5-61）。

图 5-61

适用面料：中厚型棉布或皮革面料。

**2. 测量要点**

（1）衣长的测定　此款夹克衣长位于臀围线偏下。

（2）胸围的放松量　夹克胸围应比一般上衣的放松量大，此款为 26cm。

**3. 制图规格**

制图规格见表 5-9。

表 5-9　制图规格　　　　　　　　　　　　　单位：cm

| 号型 | 部位 | 衣长 | 胸围 | 领围 | 肩宽 | 袖长 | 前腰节长 |
|------|------|------|------|------|------|------|----------|
| 170/88A | 规格 | 70 | 114 | 42 | 46 | 60 | 42.5 |

## （二）结构制图

### 1. 前后衣片框架图（图5-62）

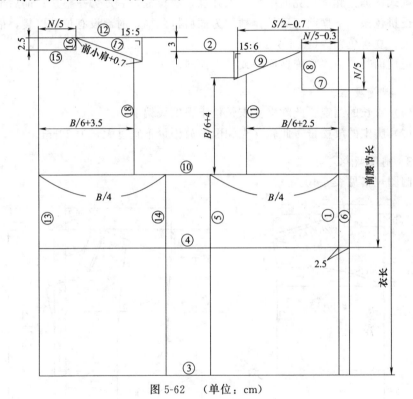

图 5-62　　（单位：cm）

### 2. 前后衣片结构图（图5-63）

### 3. 袖子结构图（图5-64）

### 4. 领子结构图（图5-65）

### 5. 领子展开图（图5-66）

### 6. 口袋展开图（图5-67）

## （三）制图要领与说明

贴袋的前侧线与前中线保持平行的主要原因是为了达到整齐、美观的效果，否则会给人视觉上的凌乱感，从而破坏了整体平衡。与此同时，在无特殊要求的条件下，前中线与袋的前侧线取经向，以便工艺制作。

## 三、插肩袖立领夹克

### (一) 制图依据

**1. 款式分析**

款式特征：此款夹克前中领口处开襟，装拉链；后片为一整片；前后袖窿处分别设拼色条；下摆前短后长；袖型为插肩拼色袖，肘部设有拉链口袋，袖口装袖克夫；立拼色领。(图 5-68)

适用面料：中厚型弹性面料或针织面料。

**2. 测量要点**

(1) 衣长的测定　此款夹克衣长位于臀围线偏下。

(2) 胸围的放松量　此款夹克胸围的放松量不宜过大，为 22cm。

**3. 制图规格**

制图规格见表 5-10。

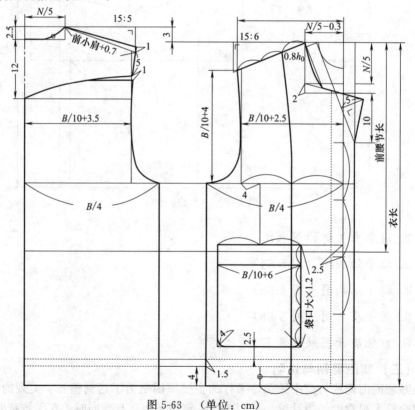

图 5-63　(单位：cm)

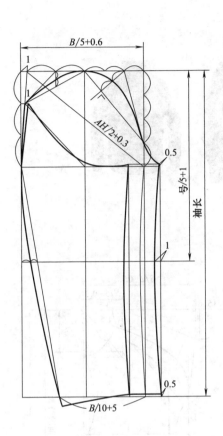

图 5-64 （单位：cm）

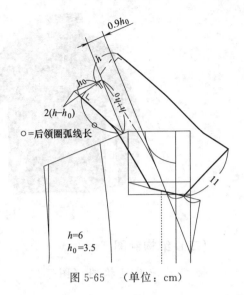

○=后领圈弧线长

h=6
h₀=3.5

图 5-65 （单位：cm）

领角处展开2cm

图 5-66 （单位：cm）

切展1cm作省

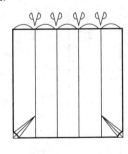

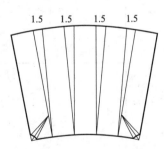

图 5-67 （单位：cm）

表 5-10 制图规格    单位：cm

| 号型 | 部位 | 衣长 | 胸围 | 领围 | 肩宽 | 袖长 | 前腰节长 | 袖克夫宽 |
|------|------|------|------|------|------|------|----------|----------|
| 170/88A | 规格 | 70 | 110 | 40 | 45 | 60 | 42.5 | 6 |

图 5-68

## （二）结构制图

### 1. 前后衣片结构图（图 5-69）

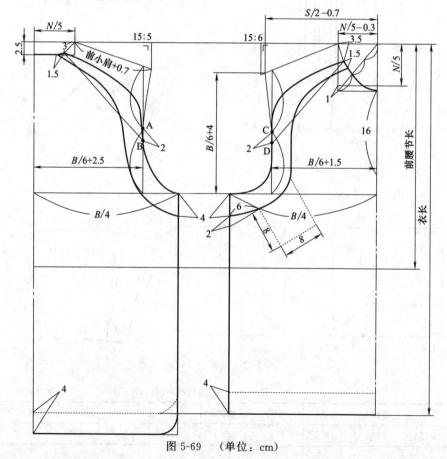

图 5-69 （单位：cm）

## 2. 前袖片结构图 （图 5-70）

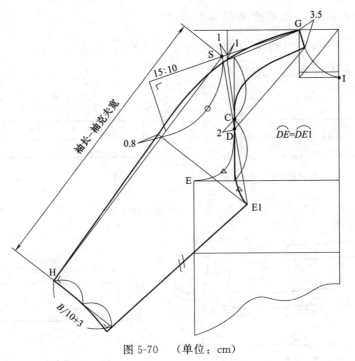

图 5-70　（单位：cm）

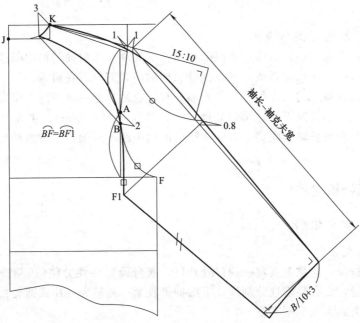

图 5-71　（单位：cm）

3. 后袖片结构图 （图 5-71）

4. 袖子拼条、肘袋结构图 （图 5-72）

5. 领子结构图 （图 5-73）

6. 袖克夫结构图 （图 5-74）

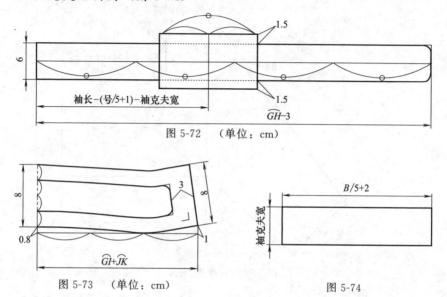

图 5-72 （单位：cm）

图 5-73 （单位：cm）

图 5-74

### （三） 制图要领与说明

（1）插肩袖的袖山弧线与袖窿弧线的长度处理 插肩袖的袖山弧线在一般情况下等于或略大于袖窿弧线，其原因是衣袖的组装部位不在肩端。

（2）前后袖长的长度处理 前衣袖长与后衣袖长在一般情况下可等长，但有时在面料允许的情况下，也可以处理成后袖略长（约 0.5cm），主要是使两袖缝拼接后，后衣袖长略有吃势，可使成型后的袖中线不后偏，注意后袖底线的同步加长。

## 四、带帽针织卫衣

### （一） 制图依据

#### 1. 款式分析

款式特征：此款卫衣前中领口处开口，衣身设装饰性分割线，腹部设贴袋；后片无中缝，设有装饰性分割线；下摆抽带收紧；袖型为一片式圆装袖，袖口装紧口袖克夫；无领带帽（图 5-75）。

适用面料：薄、中厚型弹性面料或针织面料均可。

图 5-75

### 2. 测量要点

(1) 衣长的测定　此款卫衣长位于臀围线偏下。

(2) 胸围的放松量　此款卫衣的胸围的放松量不宜过大，为 22cm。

### 3. 制图规格

制图规格见表 5-11。

表 5-11　制图规格　　　　　　　　　　　　单位：cm

| 号型 | 部位 | 衣长 | 胸围 | 领围 | 肩宽 | 袖长 | 前腰节长 | 袖克夫宽 | 登闩宽 |
|------|------|------|------|------|------|------|----------|----------|--------|
| 170/88A | 规格 | 68 | 110 | 41 | 46 | 60 | 42.5 | 6 | 6 |

### (二) 结构制图

1. 前后衣片结构图 （图 5-76）

2. 袖片结构图 （图 5-77）

3. 帽子结构图 （图 5-78）

4. 登闩结构图 （图 5-79）

5. 袖克夫结构图 （图 5-80）

### (三) 制图要领与说明

利用袖斜线确定袖山高线的优点如下。

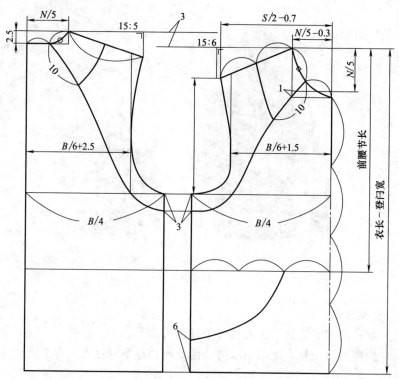

图 5-76 （单位：cm）

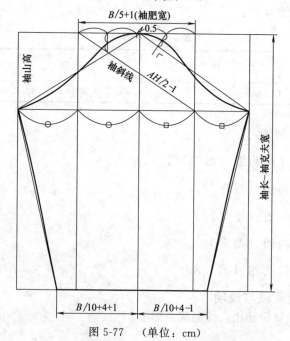

图 5-77 （单位：cm）

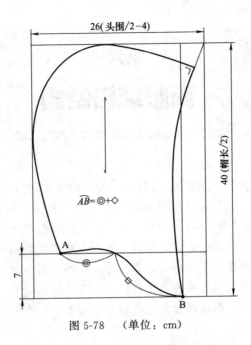

图 5-78 （单位：cm）

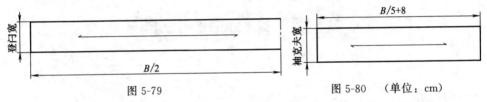

图 5-79　　　　　　　　　　　图 5-80 （单位：cm）

（1）袖山弧线的总长与预定的长度容易接近，保证了袖山弧线总长与袖窿弧线总长之差约等于所需要的袖山弧线吃势量，因此，大大提高了精确度。

（2）可调节袖肥宽与袖山高的大小，给袖的造型带来了灵活可变性。

# 第六章
# 西服结构制图

西装又称"西服"、"洋装"。西装是一种"舶来文化",在中国,人们多把有翻领和驳头,三个衣兜,衣长在臀围线以下的上衣称为"西服",西装一直是男性服装王国的宠物,"西装革履"常用来形容文质彬彬的绅士俊男。西装的主要特点是外观挺括、线条流畅、穿着舒适。若配上领带或领结后,则更显得高雅典朴。另外,在日益开放的现代社会,西装作为一种衣着款式也进入到女性服装的行列,体现女性和男士一样的独立、自信,也有人称西装为女人的千变外套。按穿着者的性别和年龄,西装可分为男西装、女西装和童西装三类。

## 第一节　女西服结构制图

## 一、女西服

图 6-1

## (一) 款式外形概述

此款女西服是女西服中较为传统和典型的式样，领子造型为平驳头，具单排两粒纽扣，前片收领胸省、收腰省、收腋下省，腰节线下左右各有一个有带袋盖的开口袋。后有中缝。袖子为两片圆装袖，袖开衩钉两粒装饰纽扣（图6-1）。

适用面料：含毛类或毛涤类，手感较为挺括，易于定型的面料为好。

## (二) 测量要点

(1) 衣长　从颈肩点量至所需长度。

(2) 胸围放松量　西服是较为合体的服装，加放松量不可过大，可以因不同季节穿着要求和面料的薄厚适当加放，一般在10～16cm。

## (三) 制图规格

制图规格见表6-1。

表 6-1　制图规格　　　　　　　　　　　　单位：cm

| 号型 | 部位 | 衣长 | 胸围 | 领围 | 肩宽 | 袖长 | 腰围 | 前腰节 | 胸高 |
|------|------|------|------|------|------|------|------|--------|------|
| 160/84A | 规格 | 64 | 94 | 36 | 39 | 56 | 78 | 40 | 24 |

## (四) 制图步骤

**1. 女西服前后衣片框架图（图6-2）**

(1) 前衣片框架

① 前中线：也叫做基础线。

② 上平线：垂直于前中线。

③ 下平线（衣长线）：平行于上平线按照衣长规格绘制。

④ 腰节线：按照1/4腰节或制图规格平行于上平线。

⑤ 止口线（叠门宽线）：向右画2.3cm平行线于前中线。

⑥ 侧缝直线（前胸围大线）：由前中线向左画 $B/4+0.5cm$，并且平行于前中线。

⑦ 前领深线：由上平线向下量 $N/5$，并且平行于上平线。

⑧ 撇胸线（劈门线）：取1cm，由上平线和前中线交点向左量，做定点。待袖窿深线定位后，再连接撇胸定点和前中线与袖窿深线交点，完成撇胸线的绘制。

⑨ 前领宽线：由劈门点向左画 $N/5+0.2cm$ 并且平行于前中线。

⑩ 前肩斜线：从前领宽线和上平线交点向左画15cm，再垂直向下画6cm（15：6）确定前肩斜度，前肩宽按照 $S/2-0.7cm$，由前中劈门点向左画，在肩斜线上定点为前肩端点。

⑪ 袖窿深线（胸围线）：按 $B/6+2cm$，由前肩端点向下做平行于上平线的

平行线。

⑫ 胸宽线：由前中线向左画 $B/6+1.5cm$，做前中线的平行线。

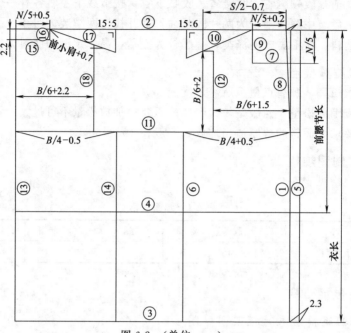

图 6-2 （单位：cm）

（2）后衣片框架（图 6-2）　图中上平线、袖窿深线、腰节线、衣长线均由前衣片延伸。（注意这个距离要远远大于前胸围大线）

⑬ 后中线：垂直相交于上平线和衣长线。

⑭ 侧缝直线（后胸围大）：由后中线向右画 $B/4-0.5cm$，并且平行于后中线。

⑮ 后领深线：由上平线向下量 2.2cm，并且平行于上平线。

⑯ 后领宽线：由后中线向右画 $N/5+0.5cm$ 并且平行于后中线。

⑰ 后肩斜线：从后领宽线和后上平线交点向右画 15cm，再垂直向下画 5cm（15：5）确定后肩斜度，取前小肩＋0.7cm＝后小肩。

⑱ 背宽线：由后中线向右画 $B/6+2.2cm$，做后中线的平行线。

**2. 女西服前后衣片结构图**（图 6-3）

（1）衣片结构过程一（图 6-3）

① 前领圈线：在领宽线上取领深 2/3（由上平线量下）定点，连接劈门线和领深线交点，在连线上取 1cm，由领宽线量进，即为串口线。连接领肩点与串口线 1cm 点，做弧线。

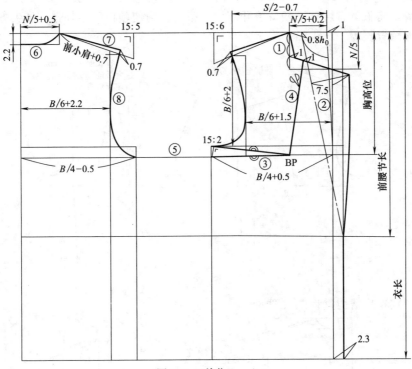

图 6-3　(单位：cm)

② 画驳头：画标准领口圆，设领脚高 $h_0$，取 $0.8h_0$ 由领肩点量进，取前领宽大减 $0.8h_0$ 为半径做标准领口圆。再以腰节线与前止口线交点为端点，做斜直线与标准领口圆相切，切线为驳口线。驳头宽为 $7.5\sim8$cm，画顺驳头外围弧线。

③ 绘制腋下省

a. 确定胸高位　由上平线向下量取 24cm（胸高），做上平线的平行线，在平行线上截取胸宽的 $1/2$ 作为定点，这个定点就是胸高点（也是 BP）。

b. 绘制腋下省　连接腋下点和 BP，顺 BP 在线上取比值 $15:2$，使三角形两边等长。因此袖窿深线也相应下降，后片的袖窿深也相应下降至同一高度。

④ 确定领胸省位：在串口线上取 1cm（距离驳口线 1cm），连接 BP（胸高点）。

⑤ 肩斜线移位：原来的肩端点向上抬高 0.7cm，连接领肩点和新的肩端点，得到新的肩斜线（由于此款式要装垫肩，所以肩斜线在原有基础上抬高，一般抬高的数值为垫肩实际厚度的 70%）。

⑥ 后领弧线：作图与女衬衣后领弧线制图相同。

⑦ 后肩斜线：同前肩斜线一样。

⑧ 后袖窿弧线：连接新肩点和下降后的腋下点，并与相关的点画顺。

⑨ 领口省的绘制（图 6-4）：沿着领口省位所在的连线剪切至 BP，然后合并腋下省，使腋下省转移至领口剪开部位，张开。为使领口省不外露，省尖方向不变，缩短省长为 10～12cm。

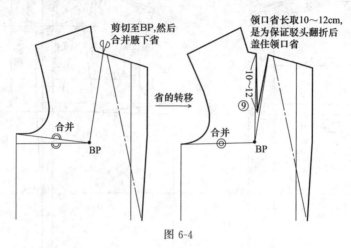

图 6-4

（2）衣片结构过程二（图 6-5）

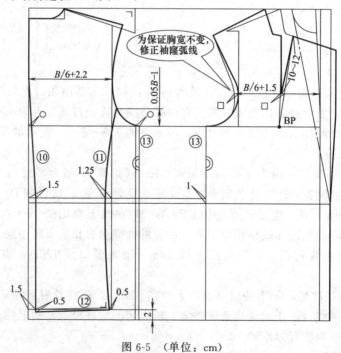

图 6-5　（单位：cm）

⑩ 后背缝：在腰节线上后中直线偏进 1.5cm，在底边线上后中直线也偏进 1.5cm，连接各点画顺后背缝直线。

⑪ 后侧缝线：在腰节线上侧缝直线偏进 1.25cm，在底边线上侧缝直线偏进 0.5cm，过胸围线与背宽线的交点，连接各点画顺后侧缝弧线。

⑫ 底边线：在侧缝线与下平线交点上抬高 2cm，画顺底边线。

⑬ 前后侧缝画好对位记号。

（3）衣片结构过程三（图 6-6） 把前后衣片按照对位符号对正，使前后衣片连接成整体。

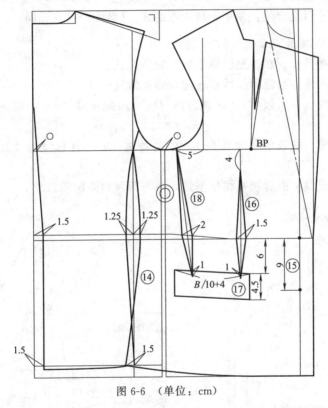

图 6-6 （单位：cm）

⑭ 前侧缝线：在腰节线上（腰节线提高 1cm）侧缝直线偏进 1.25cm，在底边线上侧缝直线偏出 1.5cm，然后连接各点画顺弧线。

⑮ 扣位，上扣位，在腰节线上；下扣位，在腰节线下 9cm 处定位。

⑯ 腰省位：进出位按胸高点向侧缝偏移 2cm。省长，上部按照胸围线向下 4cm，下部按照大袋口高向下 1cm；省大，腰节线上收 1.5cm。连接各点画顺腰省。

⑰ 袋位：袋位高取 6cm，由腰节线向下量取。前袋口进出按腰省位向前中线偏移 1.5cm。袋口大取 $B/10+4$。带盖宽为 4.5cm，袋上口基本与底边线平行。

⑱ 腋下省：进出按照大袋口偏进 3cm。省位，上部以胸宽线左偏 5cm 定位（一般不要超过前片侧缝部位），下部按照大袋口向下 1cm。省大，腰节上收

2cm。连接各点画出腋下省。

3. **女西服领片框架图**（图 6-7）

① 标准领口圆：设领脚高 $h_0$，取 $0.8h_0$ 由领肩点量进，取前领宽大减 $0.8h_0$ 为半径作标准领口圆。

② 驳口线：通过叠门线与腰节线交点（即驳口点）与标准领口圆做切线。

③ 领驳平直线：按 $0.9h_0$ 作驳口的平行线。

④ 衣领松斜度定位：领底斜线所在的线。（做法与衬衣相同）

4. **女西服领片结构图**（图 6-8）

① 后领圈弧长：在领底斜线上取后领圈弧长。

② 领底弧线：与领圈弧线相连画顺领底弧线。

③ 后领宽线（后领中）：取领脚高（$h_0$）加翻领高（$h$）向领底弧线延长线作垂线。

④ 前领嘴：取领角宽为 3.5cm，驳头角宽 4cm，开口宽为 3cm（这些数值均为设计量）。

⑤ 领外围线：由后领宽线作垂线，并与前领角画圆顺。

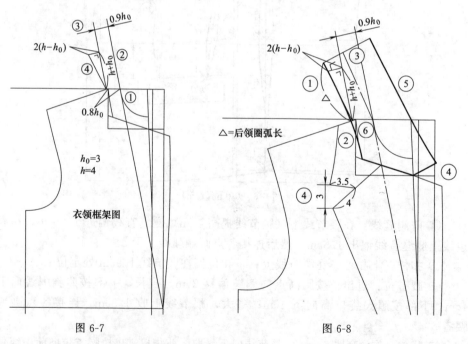

图 6-7 　　　　　　　　　　　　图 6-8

⑥ 领脚高线：按照领脚高在领宽线上截取点，画顺领脚高线。

5. **女西服袖框架图**（图 6-9）

① 前袖侧直线：首先画出的基础线。

② 上平线：垂直于前袖侧直线。

③ 下平线（袖长线）：按照袖长规格，平行于上平线。

④ 后袖侧直线（袖肥宽）：按 $B/5-0.5cm$ 作前袖侧直线的平行线。

⑤ 袖斜线：按照 $AH/2+0.3cm$，取后侧直线偏进 $0.7cm$ 为起始点，作斜直线交于前袖侧直线。

⑥ 袖山高线：按照袖斜线与前袖侧直线的交点为一端量至上平线，两边等距离做上平线的平行线。

⑦ 肘线：取号 $/5+1cm$ 作上平线的平行线。

⑧ 后袖侧斜线：在上平线上，由后袖侧直线向右量进 $0.7cm$ 取点，连接袖山高线与后袖侧直线的交点，成为斜直线。

⑨ 袖中线：在 $0.7cm$ 点到前袖侧直线之间平分取中点，向下作垂直于上平线的直线。

⑩、⑪ 前偏袖直线：取 $3cm$ 为前偏袖宽，左右两侧相等。

⑫、⑬ 后偏袖直线：取 $2cm$ 为后偏袖宽，以后袖侧斜线为中线左右两边相等。

**6. 女西服袖片结构图（图6-10）**

① 前袖侧弧线：在肘线上，前袖侧直线偏进 $1cm$ 取点；前袖侧直线与袖山高线抬高 $0.5cm$ 直线的交点；前袖侧直线与下平线抬高 $0.5cm$ 的交点，连接各点画顺弧线。

② a 把前袖山深 4 等份。b 把前袖肥在上平线处平分 3 等份。c 连接袖山顶点和前袖山深的 $1/4$ 点为前袖山斜线。d 连接前袖肥的 $1/3$ 点与前袖山深的 $1/4$ 点为前袖山弧线的辅助线。e 由前袖肥 $1/3$ 点向前袖山斜线画垂线，并把垂线两等分。f 再把袖山顶点和两等分点以及前偏袖直线与袖山深线抬高 $0.5$ 处的交点连接画顺并和袖山弧线的辅助线相切，获得前袖山弧线。后袖山弧线画法：g 把后袖山深 5 高份。h 把后袖肥在上平线处平分 2 等份。h 连接袖山顶点和后袖山深的 $3/5$ 点为后袖山斜线。i 连接后袖肥的 $1/2$ 点与后袖山深的 $3/5$ 点为后袖山弧线的辅助线。j 由后袖肥 $1/2$ 点向下画垂线和后

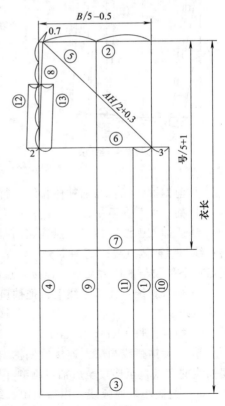

图 6-9

袖山斜线相交，并把垂线两等分取等分点。k 再把袖山顶点和两等分点以及后袖山斜线的 3/5 点连接并延长和后袖侧斜线相交，从而获得后袖山弧线。

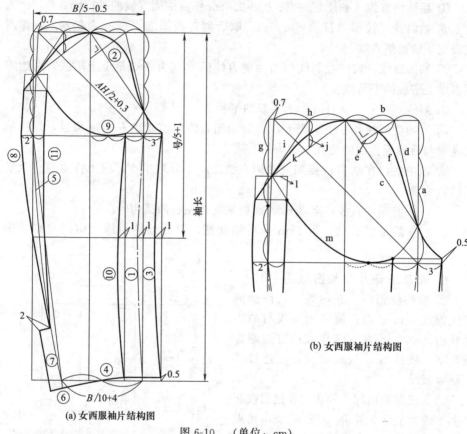

(a) 女西服袖片结构图

(b) 女西服袖片结构图

图 6-10    （单位：cm）

③ 前偏袖弧线：与前袖侧弧线平行。

④ 袖口大：在下平线上由前袖侧直线向左量取 B/10＋4cm。

⑤ 后袖侧弧线：袖口大点连接后袖侧直线和袖山高线交点；在肘线上，将斜直线与后袖侧直线距离两等分；后袖侧斜线与袖山高的 2/5（由上平线量下）交点；下平线与袖口大交点，连接各点画顺弧线。

⑥ 袖口斜线：在下平线上，把袖口大两等分，由等分点向后袖侧线作垂线，画顺弧线。

⑦ 袖衩：长 10cm，宽 2cm。

⑧ 后偏袖弧线画法：连接后偏袖斜线和后袖山弧线的交点、袖山深线和后偏袖线的交点直至连接至后袖口画顺 ［图 6-10（a）］。

⑨ l 绘制小袖底弧线：由后袖山弧线与后大袖偏袖线交点向右绘制水平线交于后小袖的偏袖线上取点。m 把前小袖肥在袖山深线处两等分，取等分点，前

小袖偏线和袖山深线抬高 0.5cm 相交，取交点。然后连接各点画顺［图 6-10（b）］。

⑩ 小袖片前偏袖弧线：与前袖侧弧线平行。

⑪ 小袖片后偏袖弧线：连接后袖口和后袖侧直线与袖山深线交点，在肘线处相交取交点。把后小袖底弧线顶点与各点连接画顺［图 6-10（a）］。

### 7. 女西服放缝示意图

女西服放缝示意图见图 6-11 和 6-12。

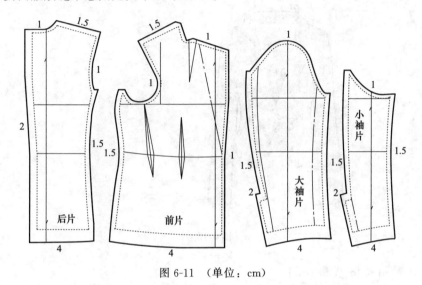

图 6-11 （单位：cm）

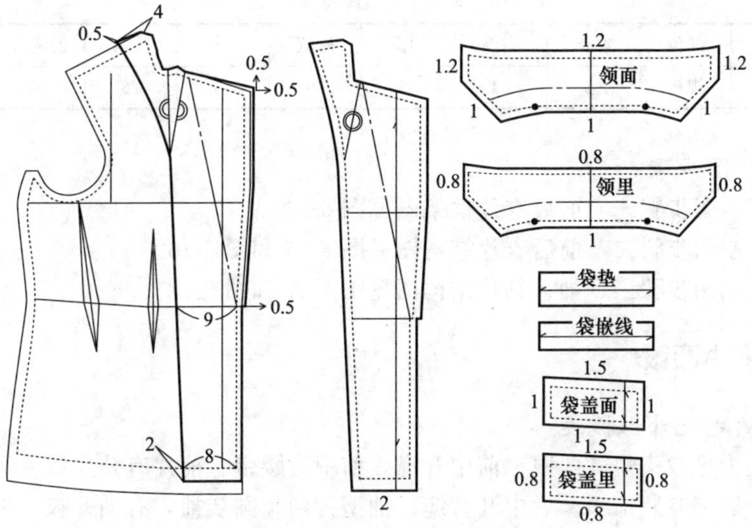

图 6-12 （单位：cm）

## 二、短西服

### 1. 款式及外形概述

领型为平驳头西服。前中开襟、单排扣，一粒纽扣，前片收领胸省，胸腰省，腰节线下左右各有一个开袋。后中开背缝。袖型为两片圆装袖，有袖开衩，钉两粒纽扣（图6-13）。

图 6-13

### 2. 制图规格（表6-2）

表 6-2　制图规格 单位：cm

| 号型 | 部位 | 衣长 | 胸围 | 领围 | 肩宽 | 袖长 | 腰围 | 前腰节 | 胸高 |
|---|---|---|---|---|---|---|---|---|---|
| 160/84A | 规格 | 56 | 94 | 36 | 39 | 56 | 76 | 40 | 24 |

### 3. 制图步骤

（1）制图步骤一　前后衣片框架图见图6-14。

（2）制图步骤二　前后衣片结构图见图6-15和图6-16。

（3）制图步骤三　袖、领片结构图见图6-17和图6-18。

## 三、休闲小西服

### 1. 款式及外形概述

领型为平驳头短款西服。前中开襟，前中有腰带。前片有公主线，腋下有斜向分割，肩部有装饰襻。后中开背缝。袖型为两片圆装袖，有袖开衩，钉两粒纽扣。整体造型比较合体，吸腰为X造型（图6-19）。

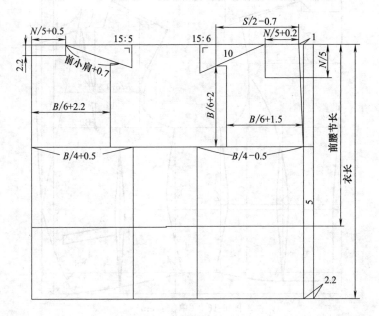

图 6-14 （单位：cm）

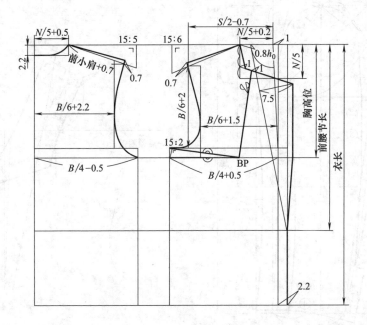

图 6-15 （单位：cm）

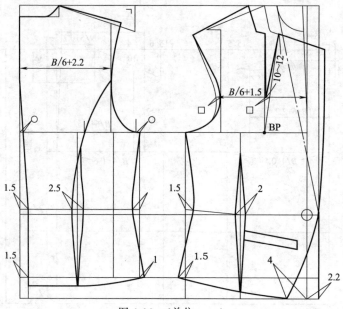

图 6-16 （单位：cm）

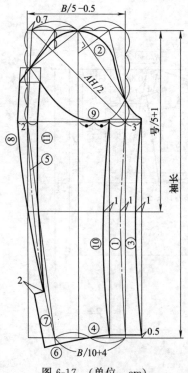

图 6-17 （单位：cm）

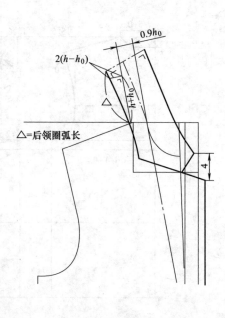

图 6-18 （单位：cm）

图 6-19

## 2. 制图规格（表 6-3）

表 6-3 制图规格 单位：cm

| 号型 | 部位 | 衣长 | 胸围 | 领围 | 肩宽 | 袖长 | 腰围 | 前腰节 | 胸高 |
|------|------|------|------|------|------|------|------|--------|------|
| 160/84A | 规格 | 56 | 92 | 36 | 39 | 58 | 76 | 39 | 24 |

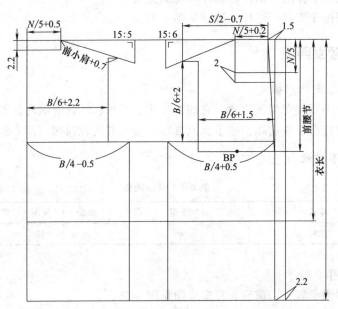

图 6-20 （单位：cm）

3. 制图步骤

(1) 制图步骤一　前后衣片框架图见图 6-20。

(2) 制图步骤二　前后衣片结构图见图 6-21。

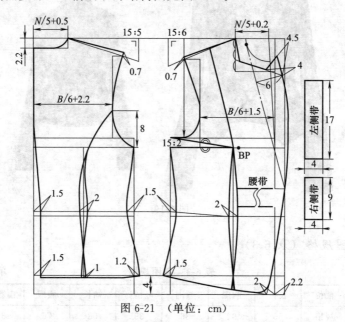

图 6-21　（单位：cm）

(3) 制图步骤三　袖片、领片结构图见图 6-22。

(4) 制图步骤四　纸样分解图见图 6-23。

# 四、青果领女西服

## 1. 款式及外形概述

本款为小短款青果领西装，肩部有复式。前片、后背有纵向分割缝，前片有缝内袋。门襟有一粒纽扣。袖子为原装袖，袖衩有两粒纽扣（图 6-24）。

## 2. 制图规格（表 6-4）

表 6-4　制图规格　　　　　单位：cm

| 号型 | 部位 | 衣长 | 胸围 | 领围 | 肩宽 | 袖长 | 腰围 | 前腰节 | 胸高 |
|------|------|------|------|------|------|------|------|--------|------|
| 160/84A | 规格 | 48 | 94 | 36 | 38 | 56 | 76 | 39 | 24 |

## 3. 制图步骤

(1) 制图步骤一　前后衣片框架图见图 6-25。

(2) 制图步骤二　前后衣片结构图见图 6-26。

（3）制图步骤三 袖片结构图见图 6-27。

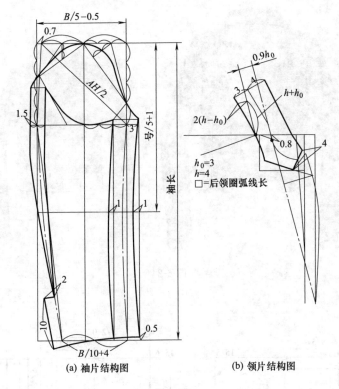

(a) 袖片结构图      (b) 领片结构图

图 6-22

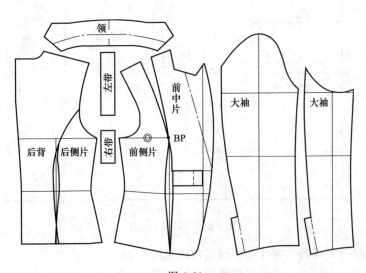

图 6-23

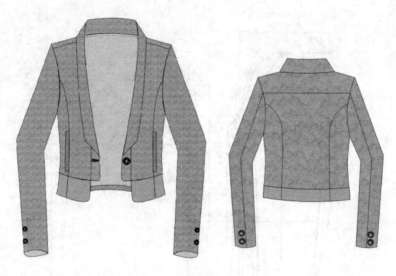

图 6-24

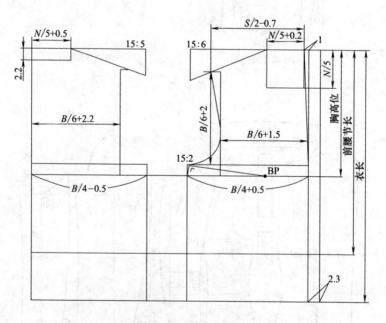

图 6-25 （单位：cm）

（4）制图步骤四　领片和挂面结构图见图 6-28。

（5）制图步骤五　净纸样分解图见图 6-29。

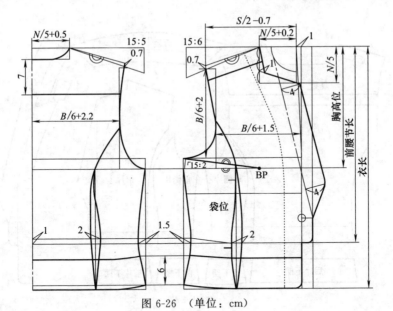

图 6-26 （单位：cm）

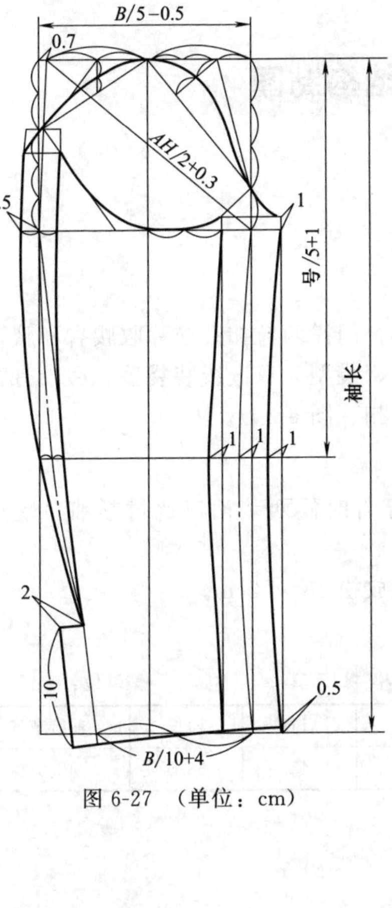

图 6-27 （单位：cm）

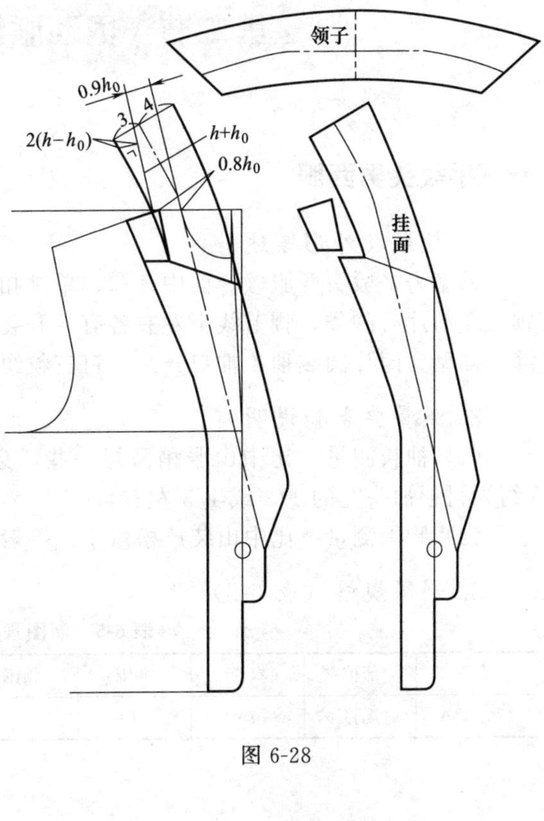

图 6-28

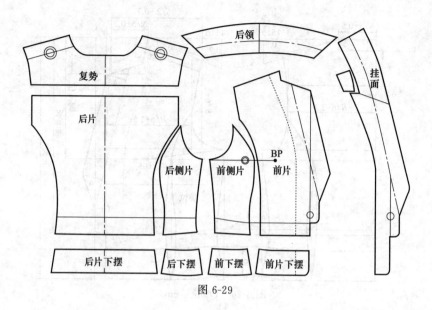

图 6-29

## 第二节 男西服结构制图

### 一、平驳头男西服

**1. 款式及外形概述**

领型为平驳头西服领。前中开襟、单排扣，门襟两粒扣；前片收腰省和腋下省，左前片有胸袋，腰节线下左右各有一开袋，袋型为双嵌线装袋盖。后中有背缝。袖型为两片圆装袖，袖口开叉，钉三粒纽扣（图 6-30）。

**2. 测量要点和说明**

（1）袖长测量　比中山服稍微短一些，穿着时候西装袖口比衬衫袖口短点（约为衬衫袖头宽的 1/2 或 1/3 左右）。

（2）胸围测量　比中山装放松量小。一般放松 18～22cm。

**3. 制图规格（表 6-5）**

表 6-5　制图规格　　　　　　　　　　单位：cm

| 号型 | 部位 | 衣长 | 胸围 | 领围 | 肩宽 | 袖长 | 前腰节 |
|---|---|---|---|---|---|---|---|
| 170/88A | 规格 | 75 | 110 | 40 | 45 | 58.5 | 42.5 |

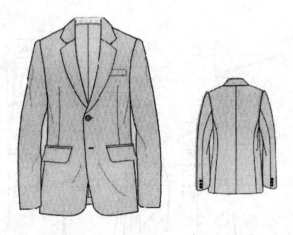

图 6-30

## 4. 制图步骤

(1) 制图步骤一　绘制男西服前后衣片框架图（图 6-31）。

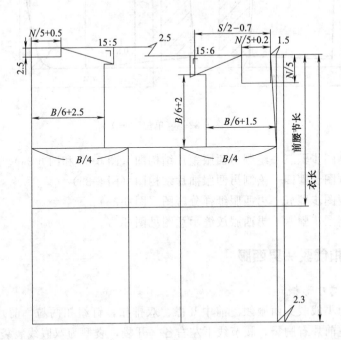

图 6-31 （单位：cm）

（2）制图步骤二　绘制男西服前后衣片结构图（图 6-32）

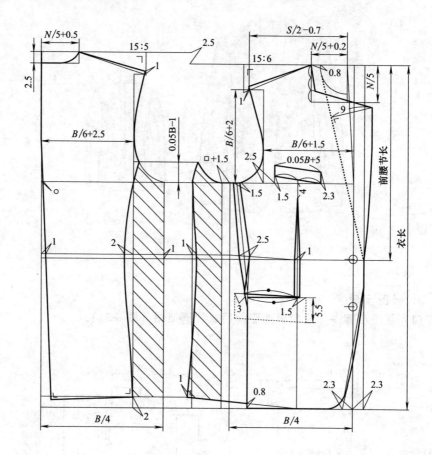

图 6-32　（单位：cm）

（3）制图步骤三　绘制男西服领片结构图（图 6-33 和图 6-34）。

（4）制图步骤四　绘制男西服袖片结构图（图 6-35）。

（5）制图步骤五　男西服纸样分解图（图 6-36）。

（6）制图步骤六　男西服放缝示意图见图 6-37。

## 二、双排扣戗驳头男西服

### 1. 款式外形概述

领型为小戗驳头西服领。前中开襟、双排扣，钉纽扣两粒，前片收胸腰省、腋下省，左前片有胸袋，腰节线下左右各一开袋，袋型为双嵌线装袋盖。后中设背缝。袖型为两片圆装袖，袖口开衩，钉装饰纽扣三粒（图 6-38）。

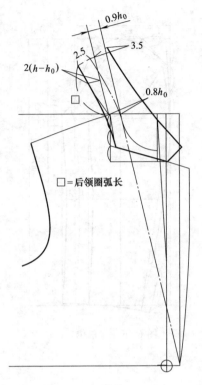

图 6-33 （单位：cm）

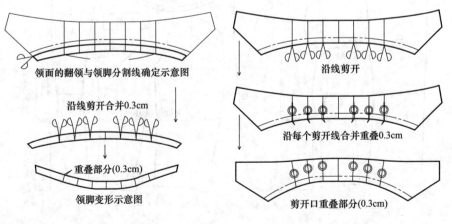

领面的翻领与领脚分割线确定示意图

沿线剪开

沿线剪开合并0.3cm

沿每个剪开线合并重叠0.3cm

重叠部分(0.3cm)

领脚变形示意图

剪开口重叠部分(0.3cm)

图 6-34

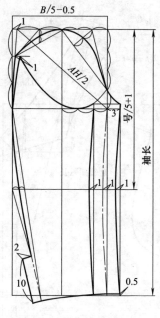

图 6-35　（单位：cm）

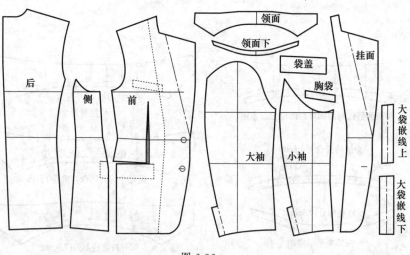

图 6-36

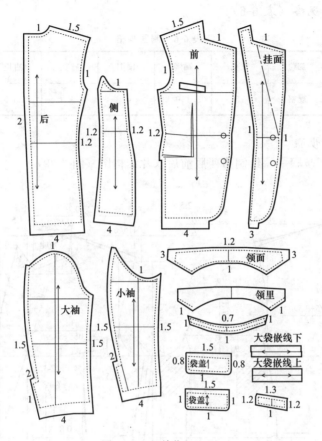

图 6-37　（单位：cm）

图 6-38

## 2. 制图规格（表 6-6）

**表 6-6　制图规格** 　　　　　　　　　　　单位：cm

| 号型 | 部位 | 衣长 | 胸围 | 领围 | 肩宽 | 袖长 | 前腰节 |
|------|------|------|------|------|------|------|--------|
| 170/88A | 规格 | 75 | 110 | 40 | 45 | 58.5 | 42.5 |

## 3. 制图步骤

（1）制图步骤一　绘制男西服前后衣片结构图（图 6-39）。

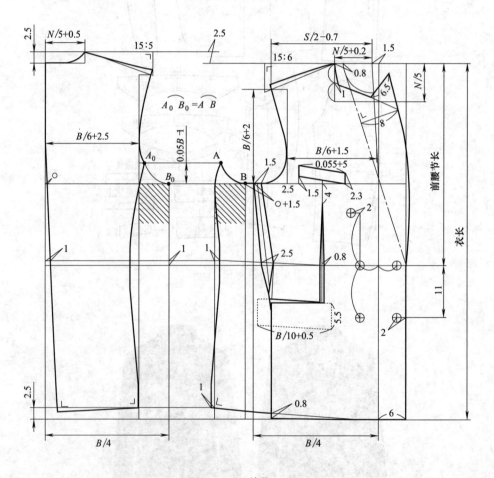

图 6-39　（单位：cm）

（2）制图步骤二　绘制男西服领片结构图（图 6-40）。

（3）制图步骤三　男西服袖片结构图略（参考前面男西服结构图）。

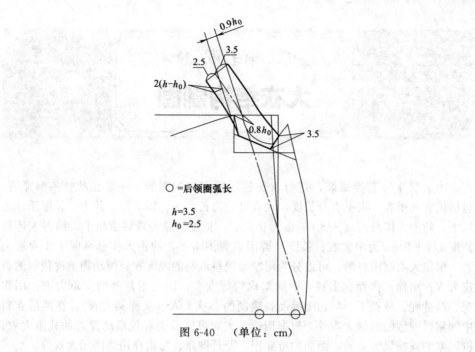

图 6-40　（单位：cm）

# 第七章
# 大衣结构制图

大衣属于外套类服装，是指衣长超过臀围线的服装，一般在秋、冬季穿着，包括风衣和雨衣。根据衣身长度，大衣可分为长、中、短3种。其中：长度至膝盖以下，约占人体总高度5/8＋7cm为长大衣；长度至膝盖或膝盖略上，约占人体总高度1/2＋10cm为中大衣；长度至臀围或臀围略下，约占人体总高度1/2为短大衣。根据大衣使用材料，可以分为用厚型呢料裁制的呢大衣；用动物毛皮裁制的裘皮大衣；用棉布作面、里料，中间絮棉的棉大衣；用皮革裁制的皮革大衣；用贡呢、马裤呢、巧克丁、华达呢等面料裁制的春秋大衣（又称夹大衣）；在两层衣料中间絮以羽绒的羽绒大衣等。根据用途，大衣可以分为礼仪活动穿着的礼服大衣；御风寒的连帽风雪大衣；两面均可穿用，兼具御寒、防雨作用的两用大衣等。

本章将介绍几款不同长度的男女春秋、呢大衣结构制图。

## 第一节　女大衣结构制图

女大衣的变化繁多，上衣中各类款式均可用于大衣，它与上衣的区别在于它的长度。本节将分别介绍短、中、长女大衣的结构制图。

### 一、荡领中长大衣

#### (一) 制图依据

1. 款式分析

款式特征：领型为前荡领后立领。前中开襟，两粒扣，左右各设竖条形挖袋1个，前后片均设弧形分割线。袖型为两片式圆装袖（图7-1）。

适用面料：厚型棉布类，呢绒类，如全毛、毛涤凡立丁等。

2. 测量要点

(1) 衣长的测定　此款大衣属中长型，衣长控制在膝围线偏上。

(2) 胸围的放松量　按穿着层次加放松量。

图 7-1

## 3. 制图规格（表 7-1）

表 7-1 制图规格 单位：cm

| 号型 | 部位 | 衣长 | 胸围 | 肩宽 | 领围 | 袖长 | 前腰节长 | 胸高位 |
|------|------|------|------|------|------|------|----------|--------|
| 160/84A | 规格 | 80 | 106 | 42 | 40 | 58 | 41 | 25 |

## （二）结构制图

## 1. 前后衣片框架图（图 7-2）

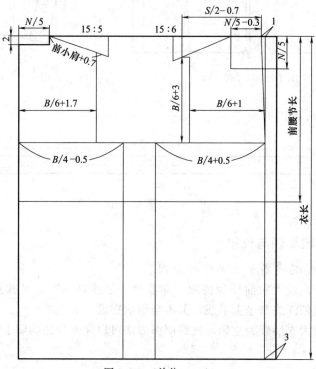

图 7-2 （单位：cm）

2. 前后衣片结构图（图 7-3）

3. 袖片结构图（图 7-4）

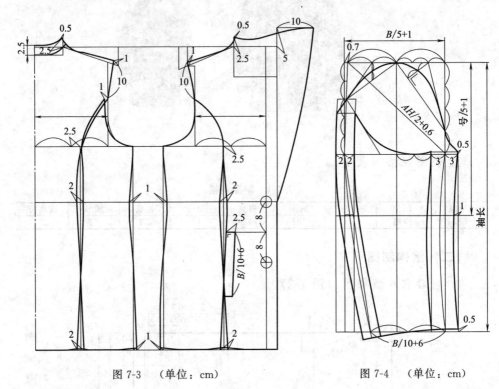

图 7-3 （单位：cm）　　　　　　图 7-4 （单位：cm）

4. 腰带结构图（图 7-5）

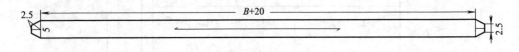

图 7-5 （单位：cm）

## （三）制图要领与说明

### 1. 前后领深线高于上平线的原因

（1）由于此款大衣前领为荡领，穿着时，领线自然下垂呈款式图所示皱褶状，因此虽然领深线高于上平线，但不会影响穿着。

（2）此款大衣后领为立领，此种制图方法可以在衣片结构图上直接绘制出后领结构图。

2. 说明

大衣部分的部位结构线条名称、放缝、排料等，因与前面介绍的西服、两用衫服装大致相同，因此不再赘述。

## 二、飘带领灯笼袖宽松大衣

### (一) 制图依据

1. 款式分析

款式特征：领型为飘带领。前片侧开暗门襟，左右各设阴裥 1 个，右前片装盖布 1 块；后片设横向分割线 1 条，设阴裥 5 个；袖型为一片式泡泡灯笼袖，袖口装袖克夫（图 7-6）。

图 7-6

适用面料：水洗布类及厚型棉布类等均可。

2. 测量要点

（1）衣长的测定　此款大衣属中长型，衣长控制在膝围线偏上。

（2）胸围的放松量　按穿着层次加放松量。

3. 制图规格（表 7-2）

表 7-2　制图规格

单位：cm

| 号型 | 部位 | 衣长 | 胸围 | 肩宽 | 领围 | 袖长 | 前腰节长 | 胸高位 |
|---|---|---|---|---|---|---|---|---|
| 160/84A | 规格 | 80 | 106 | 42 | 40 | 58 | 41 | 25 |

## （二）结构制图

### 1. 后衣片结构图、前衣片框架图（图 7-7）

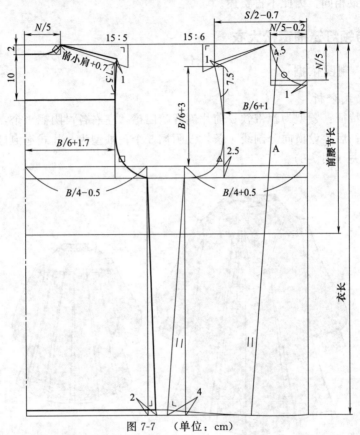

图 7-7 （单位：cm）

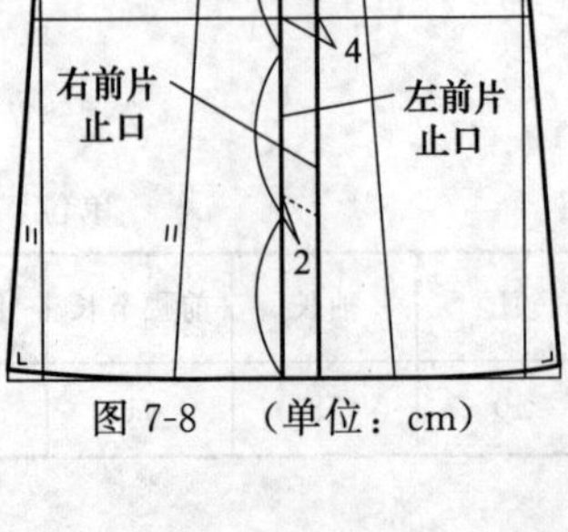

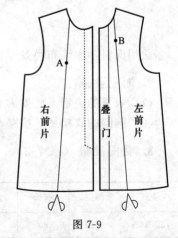

图 7-8 （单位：cm）

图 7-9

2. 前衣片结构图、变化图（图 7-8～图 7-10）

3. 袖克夫结构图（图 7-11）

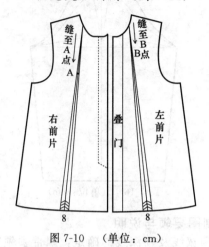

图 7-10　（单位：cm）

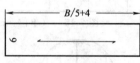

图 7-11　（单位：cm）

4. 领子结构图（图 7-12）

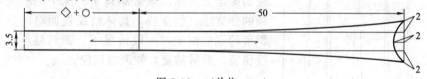

图 7-12　（单位：cm）

5. 后衣片变化结构图（图 7-13，图 7-14）

6. 袖子结构图、变化图（图 7-15～图 7-17）

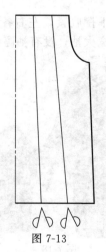

图 7-13

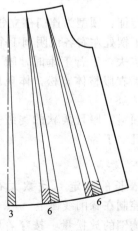

图 7-14　（单位：cm）

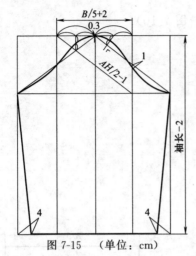

图 7-15 （单位：cm）

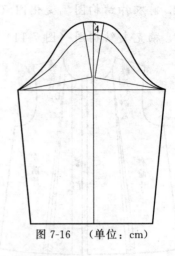

图 7-16 （单位：cm）

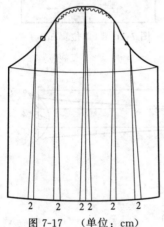

图 7-17 （单位：cm）

## （三）制图要领与说明

飘带领领宽线及领深线的确定：飘带领领宽线及领深线的确定和标准女衬衫领领宽线与领深线的确定方法相同或者略宽于、深于标准女衬衫领的领宽线、领深线，具体情况视面料的薄厚和飘带的宽窄而定，一般情况下，面料越厚，领宽线稍宽，飘带越宽，领深线稍深。

## 三、连身七分袖宽松大衣

### （一）制图依据

#### 1. 款式分析

款式特征：领型为连门襟立领。前中开明门襟，下摆收紧，左右各设阴裥1个；后片下摆处左右各设阴裥1个；袖型为连身七分宽大袖，没有袖窿线，袖口装外翻袖克夫，手臂下垂时，腋下有比较多的皱褶。衣服整体宽松，体现肩袖柔和之美（图7-18）。

适用面料：厚且柔软的呢绒类，如全毛、毛涤凡立丁等。

#### 2. 测量要点

（1）衣长的测定　此款大衣属中长型，衣长控制在膝围线偏上。

（2）胸围的放松量　按穿着层次加放较大松量。

图 7-18

3. 制图规格（表 7-3）

表 7-3　制图规格　　　　　　　　　　　　单位：cm

| 号型 | 部位 | 衣长 | 胸围 | 肩宽 | 领围 | 袖长 | 前腰节长 | 胸高位 |
|------|------|------|------|------|------|------|----------|--------|
| 160/84A | 规格 | 76 | 110 | 42 | 40 | 42 | 40 | 24 |

## (二) 结构制图

1. 前后衣片结构图（图 7-19）

2. 领子门襟结构图（图 7-20）

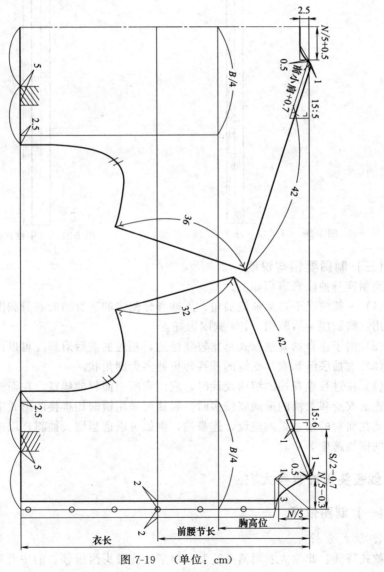

图 7-19　（单位：cm）

### 3. 袖克夫结构图（图 7-21）

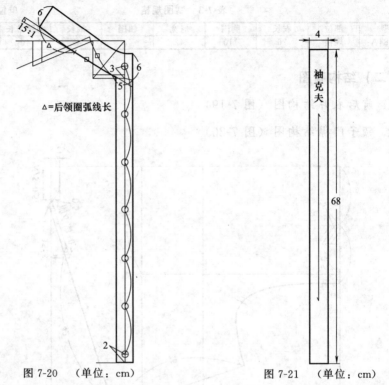

△=后领圈弧线长

图 7-20　　（单位：cm）　　　　　图 7-21　　（单位：cm）

### （三）制图要领与说明

绘制连身袖注意事项如下。

（1）一般情况下，无袖底插角、无袖身分割线的连身袖的衣身胸围分配比例应采用：前胸围＝后胸围＝1/4胸围为好。

（2）由于连身袖其袖款式是比较宽松的，相应的前后肩斜度可以适当减小。

（3）衣袖底缝和衣片侧缝的连接转折处多为圆角状。

（4）在进行连身袖的结构设计时，应注意所用面料的幅宽。在面料的幅宽小于相连的衣身和衣袖的横向宽较多时，衣袖可采用横向相拼接的形式来解决，否则就要在面料的幅宽里调整设计连身袖，例如可以适当增大袖斜，以减小衣身和衣袖的横线跨度等。

## 四、戗驳头无袖紧身大衣

### （一）制图依据

#### 1. 款式分析

款式特征：此款大衣属紧身造型。领型为戗驳头西服领。前中开襟，单排 4

粒扣，左右各设菱形省1个，左右设条形挖袋上下各1个，后片左右各设菱形省1个；配同质地宽腰带1条；无袖（图7-22）。

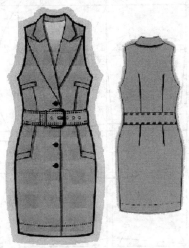

图 7-22

适用面料：厚型棉布类、呢绒类均可。

2. 测量要点

（1）衣长的测定　此款大衣属中长型，衣长控制在膝围线偏上。

（2）胸围的放松量　此款大衣属紧身造型，放松量较小。

3. 制图规格（表7-4）

表 7-4　制图规格　　　　　　　　　　　　　　　　单位：cm

| 号型 | 部位 | 衣长 | 胸围 | 肩宽 | 领围 | 前腰节长 | 胸高位 | 腰围 | 臀围 |
|------|------|------|------|------|------|---------|--------|------|------|
| 160/84A | 规格 | 80 | 92 | 40 | 38 | 40 | 24 | 76 | 100 |

**（二）结构制图**

1. 前后衣片框架图（图7-23）

2. 前后衣片结构图（图7-24）

3. 领子结构图（图7-25）

4. 腰带结构图（图7-26）

**（三）制图要领与说明**

（1）由于此款大衣为无袖造型，因此，前后小肩在实际肩宽的基础上于侧肩点处缩回2cm，这样才能达到设计要求，从而使穿着更美观。

（2）一般情况下，为了造型美观，大衣通常加放垫肩，因此在制图时，肩斜线要适当抬高，但是此款大衣为无袖造型，所以肩斜线保持原来的比例即可。

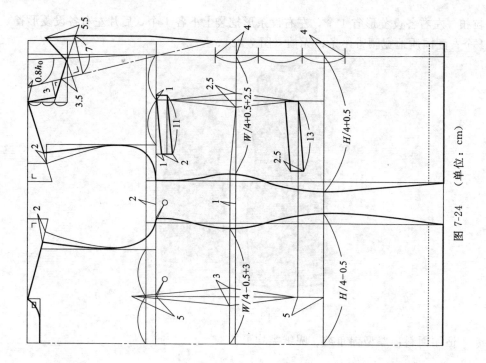

图 7-24 （单位：cm）

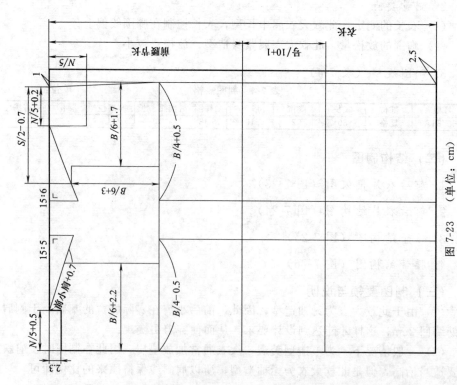

图 7-23 （单位：cm）

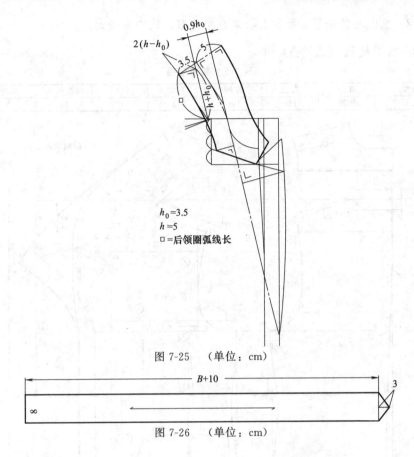

$h_0=3.5$
$h=5$
□ =后领圈弧线长

图 7-25　（单位：cm）

$B+10$

3

∞

图 7-26　（单位：cm）

## 五、青果领暗门襟大衣

### （一）制图依据

#### 1. 款式分析

款式特征：领型为不对称青果领。前侧开暗门襟，左右各设菱形省 1 个，左右胸部设条形挖袋各 1 个，下设带盖贴袋各 1 个；后片设横向分割线，开中缝；配同质地腰带 1 条；袖型为两片式泡泡袖（图 7-27）。

适用面料：厚型呢绒类面料。

#### 2. 测量要点

（1）衣长的测定　此款大衣属长款造型，衣长控制在膝围线以下，长短根据款式而定。

图 7-27

（2）胸围的放松量　此款大衣属宽松造型，放松量较大。

## 3.制图规格（表7-5）

**表 7-5　制图规格**　　　　　　　　　　　　　　单位：cm

| 号型 | 部位 | 衣长 | 胸围 | 肩宽 | 领围 | 前腰节长 | 胸高位 |
|------|------|------|------|------|------|----------|--------|
| 160/84A | 规格 | 110 | 106 | 42 | 40 | 41 | 25 |

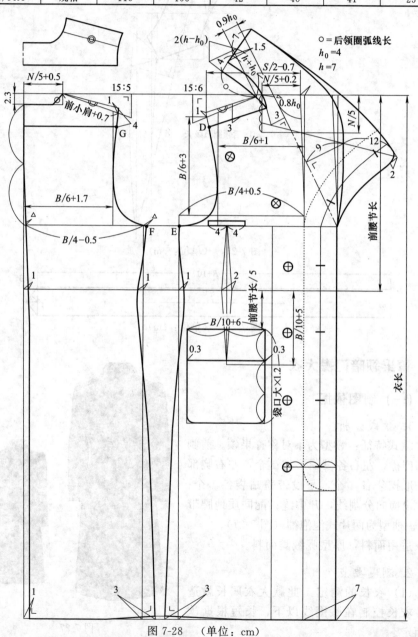

图 7-28　（单位：cm）

## （二）结构制图

**1. 前后衣片结构图（图 7-28）**

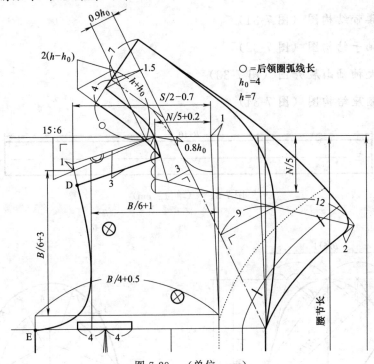

图 7-29 （单位：cm）

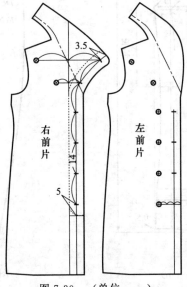

图 7-30 （单位：cm）

2. 前衣片领部放大图（图 7-29）

3. 前衣片完成图（图 7-30）

4. 腰带结构图（图 7-31）

5. 袖子结构图（图 7-32）

6. 大袖袖山展开图（图 7-33）

7. 领座结构图（图 7-34）

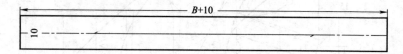

图 7-31　（单位：cm）

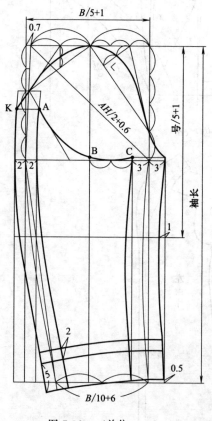

图 7-32　（单位：cm）

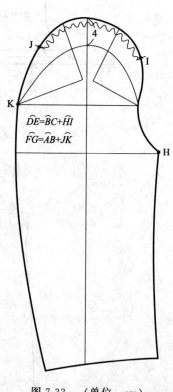

图 7-33　（单位：cm）

### （三）制图要领与说明

无接缝青果领另加领座的原

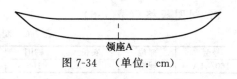

图 7-34 （单位：cm）

因：由于此款青果领服装又可以将
衣领立起来穿着，因此无论青果领
贴边还是衣身部分都要做无接缝处理，而青果领翻领与衣身在领口又有重叠部
分，另加领座相当于把重叠部分在衣片中去掉，然后把去掉的部分在领座中加
以补偿。

## 六、平驳头双排扣宽松大衣

### （一）制图依据

**1. 款式分析**

款式特征：领型为平驳头西服领。前中开襟，双排扣，左右设下翻袋盖挖袋
各 1 个；后片设横向分割线，接缝处下设阴裥 1 个，配同质地异色腰带 1 条；袖
型为一片袖，袖口上方装袖祥（图 7-35）。

图 7-35

适用面料：中厚型棉布类、呢绒类面料均可。

**2. 测量要点**

（1）衣长的测定　此款大衣属中长款造型，衣长控制在膝围线偏上，长短根
据身高而定。

（2）胸围的放松量　此款大衣属宽松造型，放松量较大。

3. 制图规格（表7-6）

单位：cm

**表7-6 制图规格**

| 号型 | 部位 | 衣长 | 胸围 | 肩宽 | 领围 | 前腰节长 | 胸高位 |
|------|------|------|------|------|------|----------|--------|
| 160/84A | 规格 | 90 | 106 | 42 | 40 | 41 | 25 |

## （二）结构制图

1. 前后衣片结构图（图7-36）

2. 腰带结构图（图7-37）

3. 贴边结构图（图7-38）

4. 袖子结构图（图7-39）

5. 过肩图（图7-40）

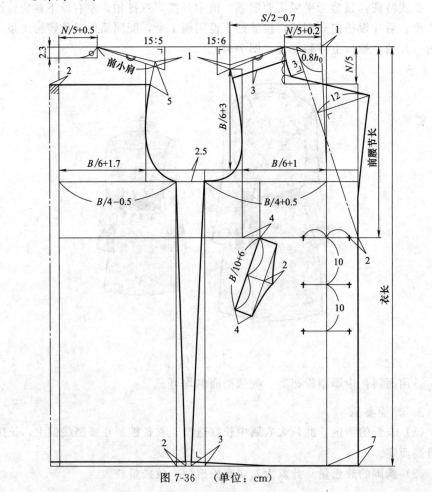

图7-36 （单位：cm）

6. 领子结构图（图 7-41）

7. 袖衬结构图（图 7-42）

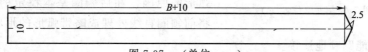

图 7-37 （单位：cm）

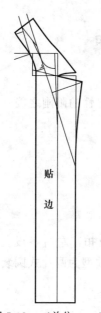

图 7-38 （单位：cm）

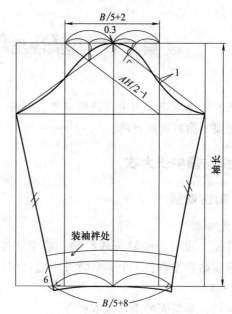

图 7-39 （单位：cm）

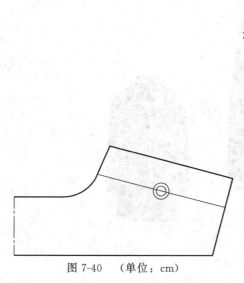

图 7-40 （单位：cm）

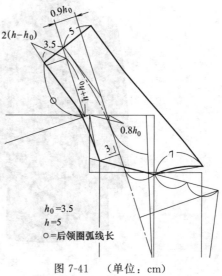

$h_0 = 3.5$

$h = 5$

○=后领圈弧线长

图 7-41 （单位：cm）

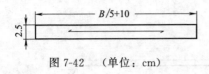

图 7-42 （单位：cm）

**（三）制图要领与说明**

方角型领圈中，将直线的领圈线处理为弧形的原因：在后领圈基本稳定的前提下，将前领圈直线处理成略带弧形的形状，以使前后领圈能圆顺地连接。

## 第二节 男大衣结构制图

男大衣的外形以箱型为主，造型平整、简洁，体现男性的阳刚之美。根据穿着季节的需要，面料可厚可薄。

## 一、戗驳头贴袋中长大衣

### （一）制图依据

**1. 款式分析**

款式特征：领型为戗驳头西服领；前中开襟，四粒扣，左右各设菱形省1个，下设带盖贴袋左右各1个；后背开中缝，下开衩；袖型为两片式圆装袖，装袖祥（图7-43）。

适用面料：厚型呢绒类、大衣呢等。

图 7-43

**2. 测量要点**

（1）衣长的测定　此款大衣属中长型，衣长控制在膝围线偏上。

（2）肩宽的放松量　肩宽的放松量为1～2cm。

**3. 制图规格（表7-7）**

表 7-7　制图规格

单位：cm

| 号型 | 部位 | 衣长 | 胸围 | 肩宽 | 领围 | 袖长 | 前腰节长 |
|------|------|------|------|------|------|------|----------|
| 170/88A | 规格 | 90 | 112 | 48 | 44 | 62 | 43 |

**（二）结构制图**

**1. 前后衣片结构图（图7-44）**

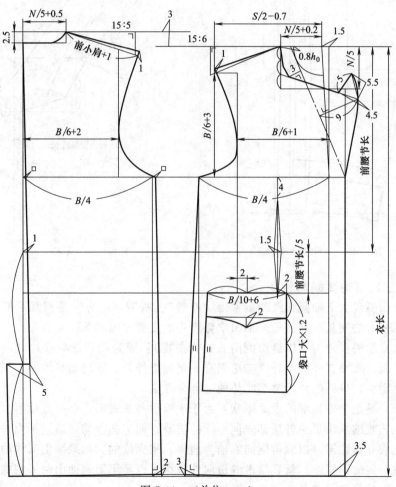

图 7-44　（单位：cm）

2. 袖片结构制图（图 7-45）

3. 领子结构制图（图 7-46）

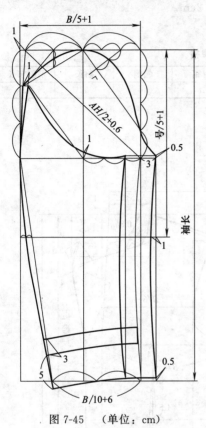

图 7-45 （单位：cm）

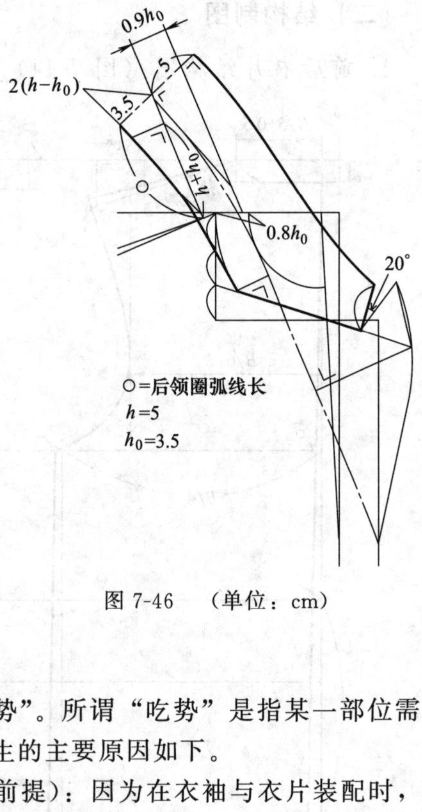

图 7-46 （单位：cm）

○=后领圈弧线长
$h=5$
$h_0=3.5$

## （三）制图要领与说明

袖山弧线大于袖窿弧线的量称为"吃势"。所谓"吃势"是指某一部位需要通过工艺方法使其收缩的量。袖山吃势产生的主要原因如下。

（1）解决里外匀（以缝份倒向衣袖为前提）：因为在衣袖与衣片装配时，衣片在里圈，衣袖在外圈，外圈与里圈有一定的里外匀，随着面料增厚，里外匀量也随之增大，里外匀作为整个吃势的一部分存在。

（2）满足手臂顶部的表面形状：由于手臂顶部的表面带有一点球冠状，需要通过工艺收缩来满足手臂顶部表面形状的需要。而工艺收缩是通过袖山弧线由平面转化成立体弧形（以缝份倒向衣袖为前提）来完成的。如果袖山弧线的边沿不处理成一定的圆弧形，就容易被缝份向外顶撑，以至于影响袖山的外观效果。这是袖山吃势的又一部分。

（3）保持面料经、纬丝缕垂直：通过工艺收缩使衣袖的经、纬丝缕保持行、垂直，从而使袖的造型更美观。

通过对袖山吃势产生原因的分析，可以推论出袖山吃势的大小与袖山弧线的总长、袖斜线的倾角、面料的质地性能、装配形式有关。

## 二、双层领宽松大衣

### （一）制图依据

**1. 款式分析**

款式特征：领型为类平驳头西服领（领子与驳头有重叠部分）；前中开明门襟，四粒扣，左右设斜竖向分割线，胸部设条形插袋左右各 1 个，下设带盖挖袋左右各 1 个；后背设横向分割线，下开背中缝；袖型为两片式圆装袖，袖口装宽袖克夫（图 7-47）。

适用面料：厚型呢绒类、大衣呢等。

图 7-47

**2. 测量要点**

（1）衣长的测定　此款大衣属中长型，衣长控制在膝围线偏上。

（2）肩宽的放松量　肩宽的放松量为 1～2cm。

（3）胸围的放松量　此款大衣属宽松造型，因此胸围放松量较大。

**3. 制图规格（表 7-8）**

表 7-8　制图规格　　　　　　　　　　单位：cm

| 号型 | 部位 | 衣长 | 胸围 | 肩宽 | 领围 | 袖长 | 前腰节长 |
|------|------|------|------|------|------|------|----------|
| 170/88A | 规格 | 90 | 116 | 48 | 44 | 62 | 43 |

## （二）结构制图

1. 前后衣片结构图（图 7-48）

2. 袖片结构图（图 7-49）

3. 领子结构图（图 7-50）

4. 袖克夫完成图（图 7-51）

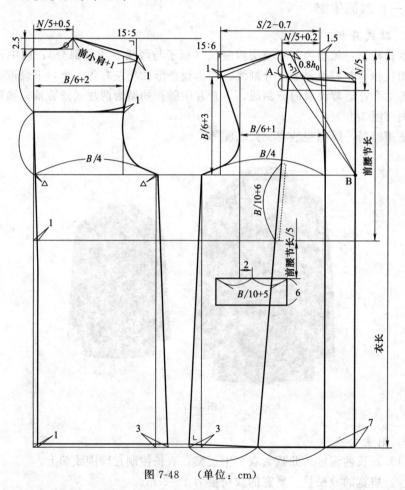

图 7-48 （单位：cm）

## （三）制图要领与说明

翻领与驳头有重叠的领子在制图时的处理方法：由于此款式服装翻领与驳头有重叠（双层领子），如果仍然按照普通平驳头西服领子的方法制图，则在工艺上不能实现双层领子的效果，因此，这类领子在制图时要将驳头沿线 AB（串口线与前领圈弧线交点 A 与点 B 连线）剪开，即使驳头与衣身成为两个裁片，但又不能沿原驳口线剪开，那样一方面影响驳头的翻折效果，另一方面穿着时容易露出接缝，影响服装美观。

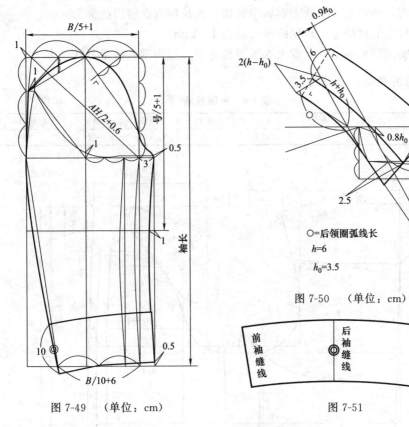

图 7-49　（单位：cm）

图 7-50　（单位：cm）

○=后领圈弧线长

$h=6$

$h_0=3.5$

图 7-51

## 三、立领插肩袖大衣

### （一）制图依据

1. 款式分析

款式特征：领型为立领；前中装拉链，上下装祥，拉链两侧拼异色条，左右设条形插袋各 1 个；后背设横向分割线，下开背中缝；袖型为前插肩后圆装式两片袖，袖口宽松，袖口上装袖祥（图 7-52）。

适用面料：中厚型呢绒类、

图 7-52

大衣呢等。

## 2. 测量要点

（1）衣长的测定　此款大衣属中长型，衣长控制在膝围线偏上。

（2）肩宽的放松量　肩宽的放松量为 1～2cm。

（3）胸围的放松量　此款大衣属宽松造型，但胸围放松量不宜过大。

## 3. 制图规格（表7-9）

表 7-9　制图规格　　　　　　　　　　　　　　单位：cm

| 号型 | 部位 | 衣长 | 胸围 | 肩宽 | 领围 | 袖长 | 前腰节长 |
|---|---|---|---|---|---|---|---|
| 170/88A | 规格 | 90 | 112 | 48 | 44 | 62 | 43 |

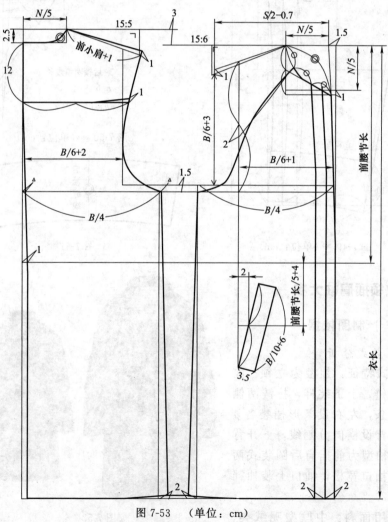

图 7-53　（单位：cm）

## （二）结构制图

1. 前后衣片结构图（图 7-53）

2. 前袖片结构图（图 7-54）

3. 后袖片结构图（图 7-55）

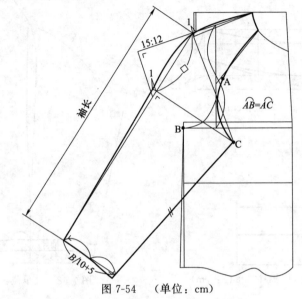

图 7-54 　（单位：cm）

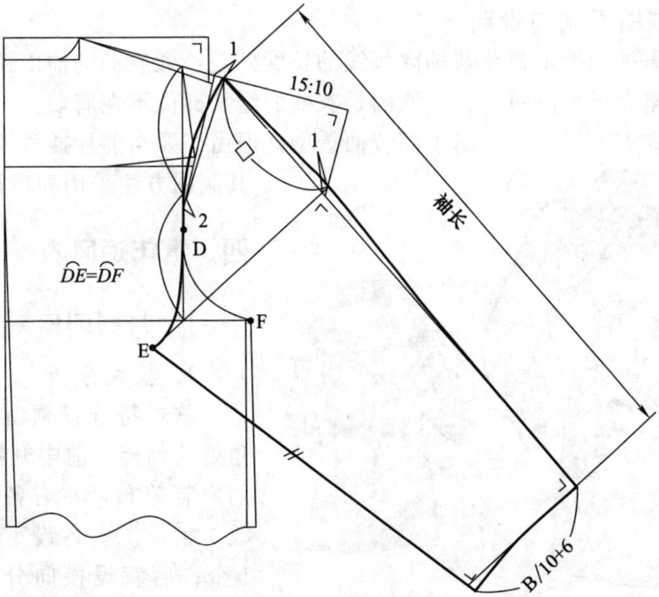

图 7-55 　（单位：cm）

4. 领子结构图（图 7-56）

5. 门襟衬结构图（图 7-57）

6. 袖衬结构图（图 7-58）

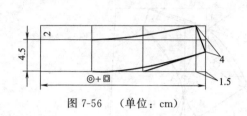

图 7-56 （单位：cm）

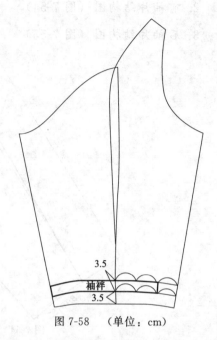

袖衬

图 7-58 （单位：cm）

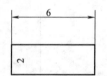

图 7-57 领衬/门襟衬（单位：cm）

### （三）制图要领与说明

（1）插肩袖的袖山弧线与袖窿弧线的长度处理：插肩袖的袖山弧线在一般情况下等于或略大于袖窿弧线，其原因是衣袖的组装部位不在肩端。

（2）此款衣袖虽然后袖属于圆装袖造型，但由于要与前片插肩袖组装，因此其制图方法采用插肩袖制图方法。

## 四、青年短风衣

### （一）制图依据

#### 1. 款式分析

款式特征：领型为翻领，领角处装领衬；前中开襟，双排扣，前肩装盖布，左右各设竖向分割线 1 条，左右各设下翻盖风琴袋1 个；后背设横向分割线，下开背中缝，装后披风；腰围线上装

图 7-59

串带祥，配腰带；袖型为两片式圆装九分袖，袖口装袖克夫（图7-59）。

适用面料：中厚型棉布类、呢绒类等。

### 2. 测量要点

（1）衣长的测定 此款大衣属短大衣，衣长比一般外衣长一点即可。

（2）肩宽的放松量 肩宽的放松量较宽松型大衣小。

（3）胸围的放松量 此款大衣胸围放松量不宜过大。

### 3. 制图规格（表7-10）

表7-10 制图规格 单位：cm

| 号型 | 部位 | 衣长 | 胸围 | 肩宽 | 领围 | 袖长 | 前腰节长 |
|------|------|------|------|------|------|------|----------|
| 170/88A | 规格 | 80 | 112 | 46 | 42 | 52 | 41.5 |

### （二）结构制图

1. 前后衣片结构图（图7-60）

2. 袖片结构图（图7-61）

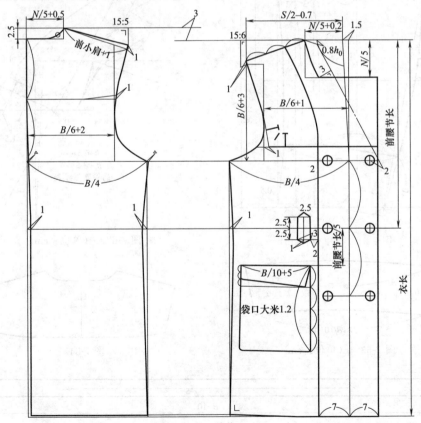

图7-60 （单位：cm）

3. 领子结构图（图 7-62）

4. 袖克夫结构图（图 7-63）

5. 后披风完成图（图 7-64）

6. 腰带结构图（图 7-65）

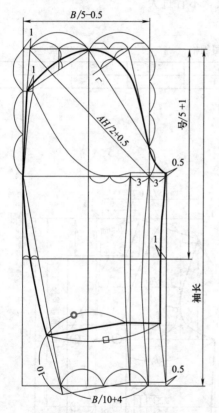

图 7-61 （单位：cm）

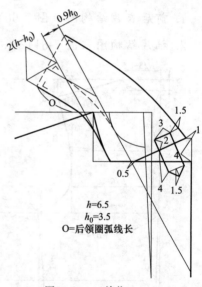

$h=6.5$
$h_0=3.5$
O=后领圈弧线长

图 7-62 （单位：cm）

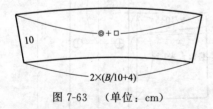

图 7-63 （单位：cm）

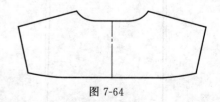

图 7-64

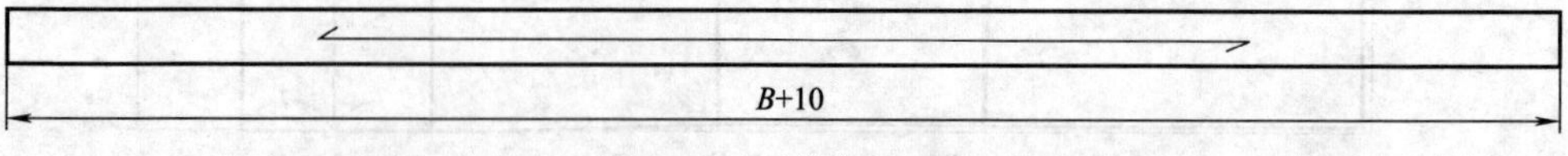

图 7-65 （单位：cm）

**（三）制图要领与说明**

虽然穿着时，领豁口看起来正好位于驳口线上，但是由于面料具有一定的厚度，为了达到穿着效果，在制图时，翻领要超出驳口线与串口线交点约 0.5cm。